ENSEIGNEMENT SECONDAIRE

PHYSIQUE

MÉCANIQUE & ATTRACTION

PAR

M. F. LÉONARD

RUEFF & Cie

PHYSIQUE

MÉCANIQUE ET ATTRACTION

EN VENTE A LA MÊME LIBRAIRIE

MANUELS

pour la préparation

DU CERTIFICAT D'ÉTUDES PHYSIQUES, CHIMIQUES ET NATURELLES

1. BOTANIQUE. — **Anatomie végétale**, par Henri COUPIN, licencié ès sciences physiques et ès sciences naturelles, préparateur à la Sorbonne. (*Paru.*)
2. BOTANIQUE. — **Physiologie végétale**, par Henri COUPIN, licencié ès sciences physiques et ès sciences naturelles, préparateur à la Sorbonne. (*Paru.*)
3. BOTANIQUE. — **Thallophytes et muscinées**, par Henri COUPIN, licencié ès sciences physiques et ès sciences naturelles, préparateur à la Sorbonne. (*Paru.*)
4. BOTANIQUE. — **Cryptogames vasculaires et phanérogames**, par Henri COUPIN, licencié ès sciences physiques et ès sciences naturelles, préparateur à la Sorbonne. (*Paru.*)
5. PHYSIQUE — **Mécanique et attraction**, par M.-F. LÉONARD, ancien élève de l'École de physique et de chimie, ex-préparateur du cours de physiologie générale au Muséum. (*Paru.*)
6. PHYSIQUE. — **Chaleur**, par M.-F. LÉONARD, ancien élève de l'École de physique et de chimie, ex-préparateur du cours de physiologie générale au Muséum. (*Paru.*)
7. PHYSIQUE. — **Electricité et magnétisme**, par M.-F. LÉONARD, ancien élève de l'École de physique et de chimie, ex-préparateur du cours de physiologie générale au Muséum. (*Paru.*)
8. PHYSIQUE. — **Optique et acoustique**, par M.-F. LÉONARD, ancien élève de l'École de physique et de chimie, ex-préparateur du cours de physiologie générale au Muséum. (*Paru.*)
9. CHIMIE. — **Métalloïdes**, par TASSILLY, ex-préparateur du cours de chimie analytique à la Sorbonne et QUILLARD, préparateur à la Faculté de médecine de Paris. (*Paru.*)
10. CHIMIE. — **Métaux**, par QUILLARD, préparateur à la Faculté de médecine de Paris. (*Paru.*)
11. CHIMIE. — **Analyse**, par E. TASSILLY, ex-préparateur du cours de chimie analytique à la Sorbonne. (*Paru.*)
12. CHIMIE ORGANIQUE. — **Série grasse**, par René SERVEAUX, chef de laboratoire à la Faculté de médecine de Paris. (*Paru.*)
13. CHIMIE ORGANIQUE. — **Série aromatique**, par René SERVEAUX, chef de laboratoire à la Faculté de médecine de Paris. (*Paru.*)

Pour paraître prochainement :

14. ZOOLOGIE. — **Anatomie et physiologie**, I, par Henri COUPIN, licencié ès sciences physiques et ès sciences naturelles, préparateur à la Sorbonne.
15. ZOOLOGIE. — **Anatomie et physiologie**, II, par Henri COUPIN, licencié ès sciences physiques et ès sciences naturelles, préparateur à la Sorbonne.
16. ZOOLOGIE. — **Classification**, I, par Henri COUPIN, licencié ès sciences physiques et ès sciences naturelles, préparateur à la Sorbonne.
17. ZOOLOGIE. — **Classification**, II, par Henri COUPIN, licencié ès sciences physiques et ès sciences naturelles, préparateur à la Sorbonne.

MANUELS POUR LA PRÉPARATION
AU CERTIFICAT D'ÉTUDES PHYSIQUES, CHIMIQUES
ET NATURELLES
publiés sous la direction de M. H. Coupin.

PHYSIQUE

MÉCANIQUE & ATTRACTION

PAR

M.-F. LÉONARD

ANCIEN ÉLÈVE DE L'ÉCOLE DE PHYSIQUE ET DE CHIMIE
EX-PRÉPARATEUR DE PHYSIOLOGIE GÉNÉRALE AU MUSÉUM

avec 91 figures dans le texte.

PARIS

RUEFF ET Cie, ÉDITEURS
106, BOULEVARD SAINT-GERMAIN, 106

1896

PHYSIQUE

MÉCANIQUE ET ATTRACTION

CHAPITRE PREMIER

GÉNÉRALITÉS

Des sciences physiques. — Lorsqu'on observe les phénomènes de la nature, on s'aperçoit qu'ils peuvent être envisagés à deux points de vue différents :

1° Nous considérerons les objets dans leur état actuel, indépendamment de leurs transformations dans le temps et dans l'espace, et alors la nature nous apparaîtra comme composée d'un ensemble d'êtres isolés ; une classification par analogies de constitution nous permettra d'arriver à comprendre la nature tout entière. Cette science portera le nom d'*Histoire naturelle.*

2° Nous porterons notre attention non pas sur les objets eux-mêmes, mais sur les transformations qu'ils subissent, nous chercherons les causes de ces changements, nous aurons alors fait des sciences physiques.

Les sciences physiques se divisent en trois grandes sections : la *physique*, la *chimie*, la *physiologie*.

Matière. — L'idée de matière est une intuition de nos sens.

La matière c'est tout ce qui se voit, tout ce qui se touche.

Elle nous apparaît sous trois états : l'état gazeux, l'état liquide, l'état solide.

Dans les trois cas sa propriété caractéristique est la résistance au mouvement.

De plus la matière agit directement sur nos organes par un certain nombre de propriétés variables pour chaque corps : la couleur, l'odeur, la saveur, la toxicité, etc.

Ces propriétés sont dites organoleptiques.

Energie. — Depuis quelques années, de nombreux expérimentateurs ont démontré que tout changement qui s'opère dans la matière est accompagné d'une absorption ou d'une émission d'énergie.

L'énergie se présente sous la forme d'énergie mécanique, calorifique, optique, électrique ou biologique.

L'énergie peut être accumulée au repos, on la dit énergie potentielle; elle peut être en activité, c'est alors l'énergie cinétique ou de mouvement ou encore la puissance vive.

Quel que soit le mode suivant lequel l'énergie se manifeste à nos sens, elle est toujours accompagnée de la matière, et nous ne les concevons pas séparément.

Conservation et transformation de la matière et de l'énergie. — Le principe de la science moderne est l'indestructibilité et la transformation de l'énergie et de la matière.

On admet que dans toutes les actions l'énergie se conserve sans perte, mais qu'elle est susceptible de transformations équivalentes : c'est ainsi que le travail mécanique peut se transformer en chaleur et cette transformation est réglée par un coefficient numérique qui est l'équivalent mécanique de la chaleur.

Réciproquement, la chaleur peut se convertir en travail mécanique, électrique, etc...

Au commencement de ce siècle Lavoisier a démontré que la matière est également indestructible.

Elle peut aussi subir un grand nombre de transformations.

Constitution de la matière. Atomes. Molécules. — Leucippe (500 av. J.-C.) considérait l'univers comme formé d'atomes se transportant dans le vide et doués d'un mouvement éternel.

Epicure (340 av. J.-C.) adopta la même théorie.

Les siècles passèrent et ce n'est qu'au commencement du nôtre que Dalton tira de l'oubli et fit revivre l'hypothèse atomique.

Aujourd'hui, tout le monde admet que la matière est faite de particules très petites supposées insécables.

« A la vérité la pensée peut concevoir toute quantité comme divisible, mais les atomes ne sont pas insécables *parce qu'ils sont trop petits* pour être partagés, ils le sont parce que la division leur ferait perdre l'individualité qui en fait des matières distinctes.

Un atome de soufre s'il pouvait être coupé en deux, ne serait plus, d'après l'hypothèse admise, du soufre, mais peut-être de l'oxygène ou toute autre matière. » (A. Etard).

Une réunion de mêmes atomes forme un corps simple (chlore, soufre, etc.). L'édifice formé par la réunion de plusieurs atomes différents porte le nom de molécule.

Une réunion de mêmes molécules forme un corps composé.

Cohésion. Etat physique des corps. — Ce qui dans l'état des corps attire d'abord notre attention, c'est la facilité plus ou moins grande que nous avons à en séparer les molécules.

La résistance que nous éprouvons se nomme la cohésion.

Par la cohésion, la matière se présente sous trois états qu'on appelle *états d'agrégation.*

Etat solide. — Forte cohésion, dureté, conservation de la forme.

Etat liquide. — Cohésion si faible que les molécules sont très mobiles les unes par rapport aux autres; aucune dureté; — ces corps affectent toujours la forme des vases qui les contiennent.

Etat gazeux. — La mobilité des molécules est devenue plus grande encore, les gaz prennent, comme les liquides, la forme des vases qui les contiennent, mais ils ont de plus une tendance à occuper un volume plus grand, jusqu'à occuper tout l'espace qu'on peut leur offrir.

Cette propriété se nomme l'expansibilité.

Propriétés de la matière. — Un certain nombre de propriétés sont générales à tous les corps :

Ce sont : l'*étendue*, la *divisibilité*, la *porosité*, la *compressibilité*, l'*élasticité*, la *mobilité* et l'*inertie*.

D'autres sont particulières à un état momentané ou variable des corps comme la dureté, la couleur, etc.

Agents physiques. — Lorsqu'on étudie les phénomènes physiques, les variations de la matière et de l'énergie semblent dues à l'action d'agents spéciaux qui régissent la matière.

Ce sont : l'*attraction*, la *chaleur*, la *lumière*, le *magnétisme*, l'*électricité*.

Autrefois les physiciens admettaient l'existence de fluides spéciaux et différents qu'on appelait le calorique, le fluide électrique, etc. et la matière accumulant plus ou moins de fluide calorique ou d'électricité, acquérait des propriétés spéciales.

Hypothèse cinétique. — Aujourd'hui nous admettons que, quel que soit l'état de la matière, toutes les molécules qui composent celle-ci sont dans un perpétuel mouvement. Ce mouvement, nous constatons qu'il se transmet d'un corps à l'autre, nous l'enregistrons par nos sens. Avec l'école positive du XVIIIe siècle nous posons en principe cette idée qu'il ne peut y avoir d'action à distance, il en résulte que nous sommes obligés d'admettre l'hypothèse d'un agent de transport, non soumis à la gravitation universelle, c'est-à-dire impondérable, qui servira d'intermédiaire entre les éléments matériels. Nous nommons cet agent, ce fluide, l'*éther*.

La physique considérée comme science des mouvements. — Si nous considérons la physique comme science des mouvements en général, tous les phénomènes dont elle a à s'occuper peuvent se diviser en deux grandes classes :

1° Ceux qui consistent en un mouvement de totalité des corps, en un changement de *position*.

2° Ceux dans lesquels le corps lui-même peut rester au repos, mais où ils apportent à ses propriétés des modifications perceptibles ou mesurables.

Il arrive fréquemment qu'un même phénomène comprenne à la fois des changements de position et des changements de propriétés. L'hypothèse cinétique nous permet de ramener tous les changements dans les qualités des corps à des mouvements des dernières particules de la matière.

En nous plaçant à ce point de vue nous pouvons dire que la *physique* est la science des mouvements du monde matériel.

Prise dans cette acception la plus large, la physique embrasserait non seulement les phénomènes physiques proprement dits, mais encore ceux d'ordre chimique et physiologique.

On rétablira l'ordre habituel en définissant la *chimie* comme n'étudiant qu'un groupe particulier de mouvements, ceux qui sont dus aux attractions réciproques que les particules matérielles exercent les unes sur les autres, en vertu de leurs natures propres, mouvements d'où résultent des combinaisons en proportions définies. Ce sont les phénomènes d'affinité.

La *physiologie*, de son côté, considérera les phénomènes physiques et chimiques qui sont en rapport avec la vie des êtres organisés.

Divisions de la physique. — Les divisions de la physique sont restées celles qui correspondaient aux divers agents physiques.

Aujourd'hui, d'après ce qui précède, nous admettons que ces agents ne sont que des formes particulières du mouvement vibratoire des molécules (*chaleur*, *lumière*, *électricité*, *magnétisme*), ou encore des chapitres particuliers, de l'attraction universelle (*pesanteur*, *hydrostatique*, *pneumatique*, *acoustique*).

L'étude de la physique doit donc être précédée de l'étude du mouvement en général, c'est ce qu'on appelle la *mécanique*.

Ensuite on verra chacune des transformations physiques du mouvement.

Méthode physique. — 1° L'observation des

phénomènes par la mesure des grandeurs physiques.

2° Relations entre les grandeurs physiques d'où l'on tire des lois.

Mesure des grandeurs physiques. — Nous constatons qu'un corps est chaud, mais il est plus ou moins chaud, une sensation nous l'indique.

De même nous observons qu'un corps est plus ou moins pesant.

La chaleur, la pesanteur, etc., sont des quantités physiques.

Nous constatons que deux corps sont aussi chauds l'un que l'autre, que deux autres ont le même poids.

De même un corps déjà chaud peut absorber une nouvelle quantité de chaleur.

Nous définirons ainsi pour chacune des quantités physiques, l'*égalité* et l'*addition*.

Ceci fait, les quantités physiques sont devenues des grandeurs mathématiques. La grandeur est la propriété de certaines choses d'être susceptibles de mesure idéale ou effective.

Les mesures effectives sont soumises au travail physique, par conséquent sujettes à l'erreur, à l'évaluation, à l'approximation; les progrès sont attachés au perfectionnement de ce travail : la *métrologie*.

La grandeur est donc une propriété, mais aussi représente la chose qui a cette propriété.

Méthodes générales de mesure. — Les méthodes de mesure forment deux classes : *Méthodes directes*, *Méthodes indirectes.*

Méthodes directes. — Elles consistent à comparer la quantité à mesurer à une quantité de même espèce, prise pour unité.

On peut opérer de trois façons : méthode d'opposition, méthode de substitution, méthode de comparaison.

Méthode d'opposition. — On oppose à la grandeur inconnue une grandeur connue, variable, agissant à l'inverse de la première, et l'on fait varier celle-ci jusqu'à ce qu'elle compense exactement l'effet de la grandeur inconnue.

L'instrument d'observation constate l'absence d'un phénomène; il n'a donc pas besoin d'être gradué, mais a besoin d'étalons variables et gradués.

La simple pesée est le type de cette méthode.

Méthode de substitution. — On note un effet produit par la grandeur à mesurer, et on la remplace par un étalon variable et capable de produire le même effet.

L'instrument de mesure doit avoir une

graduation ou point de repère qui peut être d'ailleurs arbitraire.

On réduit quelquefois l'un des effets, ou les deux, dans des proportions connues pour ramener les indications dans les limites de l'échelle ou dans de bonnes conditions de sensibilité.

Méthode de comparaison. — On mesure séparément l'effet d'une grandeur fixe connue et celui de la grandeur inconnue.

Du rapport des effets on déduit celui des grandeurs.

L'instrument de mesure sera étalonné ou gradué, ou bien nous connaîtrons la fonction qui lie les grandeurs à mesurer aux indications de l'instrument.

Méthodes indirectes. — La grandeur à mesurer est liée par une loi connue à une ou plusieurs grandeurs d'observation plus accessible.

On mesure directement les quantités accessibles et l'on déduit par le calcul la mesure de la grandeur inconnue.

Du changement de l'unité. — Soit U une grandeur, mais non sa mesure. Je désigne une autre grandeur par u. J'ai déterminé la mesure m de U au moyen de l'unité u. Je prends pour nouvelle unité une grandeur u' et je cherche la nouvelle mesure m' de U.

Je suppose que :

$$u = Ku',$$

je puis écrire :

$$m' = Km;$$

mais en général, nous ne connaissons pas la valeur de K.

Alors il nous faudra chercher une grandeur U' de même nature dont nous connaissons la mesure m' avec u et m'_1 avec u'.

Puisque :

$$m' = Km,$$

j'ai aussi :

$$m'_1 = Km_1$$

et alors éliminons K entre ces deux équations :

$$m' = \frac{m'_1}{m_1} m$$

Des lois physiques. — Lorsque nous étudions les phénomènes de la nature, nous nous apercevons bientôt qu'ils présentent une certaine régularité. Nous exprimons cette régularité en disant que ces phénomènes sont soumis à des lois. Ces lois ne sont régulières qu'en tant que toutes les *circonstances* se retrouvent les mêmes ; mais l'expérience nous a appris qu'il n'y a jamais qu'un petit nombre des circonstances qui accompagnent le phénomène qui aient sur lui une influence sensible.

Malgré cela, il arrive fréquemment que le nombre des conditions est encore considérable ; il est alors de toute nécessité de *simplifier le phénomène*. Cette simplification s'obtient en isolant volontairement chacune des conditions qui président à la manifestation des phénomènes. C'est ce qu'on appelle l'*expérimentation*.

Lorsqu'on est arrivé à une condition dernière, irréductible, on a trouvé la cause du phénomène.

La relation qui existe entre la cause isolée et son effet représente une *loi physique*.

Représentation algébrique des lois physiques. — Une loi simple peut aussi, en général, être exprimée d'une manière très simple. Par exemple, la loi de Mariotte qui régit les conditions d'équilibre des gaz peut s'énoncer de la façon suivante :

Les volumes occupés par une même masse gazeuse sont en raison inverse des pressions qu'elle supporte.

Si nous désignons ces volumes par les lettres V_0 et V_1 et les pressions par des lettres H_0 et H_1, nous pouvons exprimer la loi de Mariotte par une équation

$$V_0 H_0 = V_1 H_1$$

Toutes les lois physiques peuvent ainsi

revêtir une forme mathématique et s'exprimer par des *équations*.

Il arrive fréquemment que ce mode de représentation peut devenir indispensable, lorsque la loi se présente sous une forme difficile à énoncer dans le langage ordinaire,

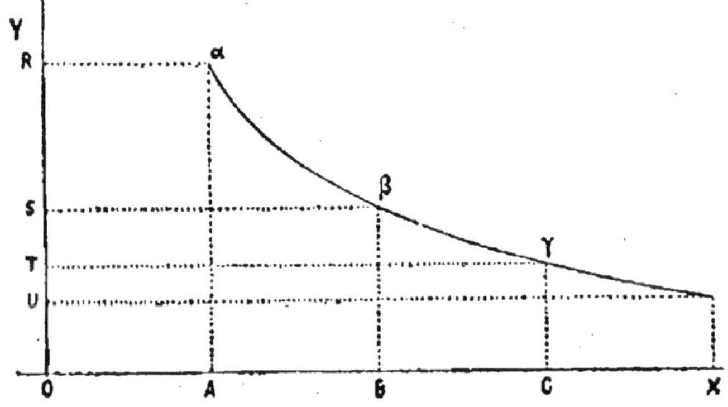

Fig. 1. — Représentation graphique de la loi de Mariotte.

Représentation graphique des lois physiques. — Les lois peuvent encore être représentées par des lignes géométriques.

S'agit-il, par exemple, de figurer la loi de Mariotte énoncée plus haut : on porte sur une droite OX (fig. 1) à partir d'un point O appelé *origine des coordonnées*, des longueurs ou *abscisses* OA, OB, OC, etc., qui représentent des pressions successives croissantes ; — sur la droite OY perpendiculaire à OX, nous porterons des longueurs OR, OS, OT, etc., proportionnelles aux volumes correspondants aux pressions OA, OB, OC.

Des points R, S, T, etc., menons des parallèles à OX qui rencontrent aux points $\alpha \beta \gamma$, etc. les parallèles à OY menées des points A, B, C, etc.

Joignons les points $\alpha\ \beta\ \gamma$, nous obtenons une ligne qui jouit des propriétés géométriques qui correspondent à la loi physique que nous voulons représenter.

Ce mode n'est autre chose que l'application des méthodes de la géométrie analytique à la représentation des équations.

Il peut arriver que les mathématiques nous aident à découvrir des propriétés géométriques de la figure que nous avons tracée, et dans beaucoup de cas, ces propriétés géométriques ont amené la découverte de propriétés physiques correspondantes.

Mais la méthode graphique rend des services plus considérables encore lorsqu'on étudie des phénomènes complexes dans lesquels l'élimination des circonstances accessoires est difficile, ou bien encore lorsqu'on étudie des mouvements très petits et très rapides dans le temps.

On prend alors un certain nombre de *données* disposées en tableau, en fonction d'une certaine circonstance variable facilement accessible, le temps par exemple.

On porte alors en abscisses des temps égaux et en ordonnées les données correspondantes. On obtient ainsi un *diagramme*.

On a imaginé des appareils qui tracent eux-mêmes la courbe représentant la relation entre le temps et un autre élément du phénomène; ce sont ce qu'on appelle des *enregistreurs* ou appareils à *indications continues*. Ils ont l'avantage de donner une trace durable qui permet d'étudier à loisir, jusque dans ses moindres détails, la marche d'un phénomène donné.

Erreurs et approximations. — Lorsqu'on fait une détermination au moyen de mesures, on commet deux genres d'erreurs : des *erreurs systématiques*, et des *erreurs accidentelles*.

On appelle erreurs systématiques celles qui sont dues aux imperfections de la méthode de mesure ou de l'instrument.

Dans les deux cas, on distingue l'*erreur relative* et l'*erreur absolue*.

L'erreur absolue est la différence entre la mesure réelle et la mesure déterminée.

Exemple : soit L une longueur et L′ sa mesure.

$$\varepsilon_A = L - L'$$

elle est >0 ou <0.

On appelle erreur relative, le rapport de

l'erreur absolue à la mesure de la grandeur.

Supposons avoir mesuré une longueur de 80 centimètres à 1 millimètre près :

$$\varepsilon_A = 1 \text{ millimètre.}$$

$$\varepsilon_R = \frac{1}{800}$$

avoir pesé une masse de 500 grammes à 1 décigramme près :

$$\varepsilon_R = \frac{1}{5000}$$

ou bien un poids de 2 grammes dans une balance sensible au milligramme.

$$\varepsilon_R = \frac{1}{2000}$$

La deuxième balance est moins sensible que la première.

Voyons ce que devient l'erreur dans le cas le plus général.

Supposons que nous fassions une détermination au moyen de trois mesures.

$$x = \frac{ab}{d}$$

J'appelle α, β, δ les erreurs absolues sur chacune des mesures $a\,b\,d$, je suppose les deux premières erreurs par excès et la troisième erreur par défaut. Soit y l'erreur maxima sur x j'ai :

$$x + y = \frac{(a + \alpha)(b + \beta)}{(d - \delta)}$$

$$x + y = \frac{ab + a\beta + b\alpha + \alpha\beta}{d - \delta}$$

Le produit $\alpha\beta$ de deux quantités très petites chacune par rapport aux autres, est un nombre encore plus petit et peut être négligé.

On peut alors mettre ab en facteur et écrire

$$x + y = \frac{ab\left(1 + \frac{\beta}{b} + \frac{\alpha}{a}\right)}{d\left(1 + \frac{\delta}{d}\right)}$$

Or

$$x = \frac{ab}{d}$$

faisons passer x dans le second membre il reste

$$y = \frac{ab}{d} \cdot \frac{1 + \frac{\beta}{b} + \frac{\alpha}{a}}{1 + \frac{\delta}{d}} - \frac{ab}{d}$$

$$y = \frac{ab}{d}\left(1 + \frac{\beta}{b} + \frac{\alpha}{a} - 1 + \frac{\delta}{d}\right)$$

en négligeant $\frac{\delta}{d}$ par rapport à 1.

Il en résulte que

$$y = \frac{ab}{d}\left(\frac{\alpha}{a} + \frac{\beta}{b} + \frac{\delta}{d}\right)$$

L'erreur absolue est proportionnelle à la somme des erreurs relatives.

Prenons des exemples :

Soit à chercher la densité d'un corps, c'est-à-dire le rapport $\frac{p}{p'}$ de deux masses.

Soit π l'erreur de mesure.

$$y = d\left(\frac{\pi}{p} + \frac{\pi}{p'}\right)$$

Supposons un corps de densité 8 et 24 grammes du corps, par conséquent 3 grammes d'eau.

Supposons une balance sensible au centigramme

$$y = 8\left(\frac{0,01}{24} + \frac{0,01}{3}\right) = 0,027$$

L'erreur sera donc de l'ordre du second chiffre, nous ne pourrons compter que sur le premier.

Supposons avec la même balance un liquide de densité 2; 20 grammes de ce liquide.

$$y = 2\left(\frac{0,01}{20} + \frac{0,01}{10}\right) = 0,003$$

L'erreur sera dix fois plus faible que la précédente.

CHAPITRE II

NOTIONS DE MÉCANIQUE

Mouvement. — Le mouvement est le fait qu'un point occupe dans l'espace des positions successives variables avec le temps.

Le mouvement se définit :

1° Par sa *trajectoire*, c'est-à-dire la ligne qui joint les positions successives occupées par le *mobile*.

2° Par la relation qui existe entre le temps compté à partir d'un zéro choisi arbitrairement et l'espace parcouru sur la trajectoire compté sur la trajectoire même.

Les éléments du mouvement sont donc l'*espace* et le *temps*.

Force. — La force, c'est toute cause capable de produire le mouvement, ou de le modifier.

Son existence nous est révélée par le mouvement lui-même.

Divisions de la mécanique. — La partie

de la mécanique qui s'occupe des relations de l'*espace* et du *temps* se nomme *cinématique*.

C'est l'idée du mouvement indépendamment des causes qui le produisent.

La *statique* considère la *force* et l'*espace* c'est l'étude des forces dans l'état d'équilibre.

La *dynamique* s'occupe à la fois des trois éléments : *espace*, *temps*, *force*, elle étudie les forces dans l'état de mouvement.

Cinématique. — La relation qui existe entre le temps et l'espace s'exprime algébriquement par une équation.

C'est l'*équation du mouvement*.

Mouvement rectiligne uniforme. — On dit qu'un mouvement rectiligne est *uniforme* lorsque les espaces parcourus dans des temps égaux sont égaux.

On appelle *vitesse* d'un mouvement rectiligne uniforme, l'espace parcouru dans un intervalle de temps égal à l'unité.

L'unité de temps généralement adoptée étant la seconde sexagésimale, on dit que la vitesse du mouvement uniforme est l'espace parcouru dans une seconde.

L'espace étant proportionnel au temps, l'équation du mouvement uniforme sera :

$$e = vt.$$

La vitesse du mouvement uniforme est le

rapport de l'espace parcouru au temps employé à le parcourir.

$$v = \frac{e}{t}.$$

Mouvement rectiligne varié. — Le mouvement est dit *varié* lorsque les espaces parcourus dans des intervalles de temps égaux sont inégaux.

Dans le mouvement varié, la vitesse change à chaque instant.

Soient deux points, M et M′ positions suc-

Fig. 2.

cessives d'un mobile animé d'un mouvement varié.

On appelle *vitesse moyenne* entre deux instants déterminés t et $t' = t + \theta$, la vitesse du mouvement *uniforme* qui transporterait le mobile du point M au point M′ dans l'espace de temps θ (fig. 2).

Mouvement uniformément varié. — Le mouvement est uniformément varié lorsque la vitesse varie de quantités égales en des temps égaux.

Suivant que la variation de la vitesse sera

positive ou négative, le mouvement sera :

Uniformément accéléré,

Uniformément retardé.

Si nous appelons γ l'accroissement positif de la vitesse dans le mouvement uniformément accéléré, soit v_0 la vitesse du mobile à l'instant zéro, la vitesse à l'instant t s'exprimera par l'équation.

$$v_t = v_0 + \gamma t.$$

De même la vitesse à l'instant t dans le mouvement uniformément retardé s'exprimera par l'équation :

$$v_t = v_0 - \gamma t.$$

L'équation du mouvement rectiligne uniformément varié se déduit analytiquement de l'équation de la vitesse par une opération dite intégration.

On peut aussi la déduire de l'observation.

La loi du mouvement est la suivante.

$$e = \frac{1}{2} \gamma t^2.$$

Statique. *Inertie.* — Un corps quelconque ne peut de lui-même se mettre en mouvement; il ne peut pas de lui-même modifier son mouvement.

Tel est le principe de l'inertie.

L'inertie est une des propriétés générales de la matière :

Inertie dans le repos.

Inertie dans le mouvement.

La *force.* — La force est toute cause capable de produire le mouvement ou de le modifier.

Mesure des forces. — L'idée de forces nous est révélée par leurs effets. Il en est de même de leur mesure.

Deux forces sont égales lorsque, dans les mêmes conditions, elles produisent le même effet.

Une force est double d'une autre lorsque, dans les mêmes conditions, elle produit l'effet de deux forces égales à la première.

Dynamomètres. — Les instruments qui servent à mesurer les forces sont les dynamomètres.

En général, on se sert d'un ressort dont une extrémité est fixe et dont l'autre se déplace sous l'attraction des forces que l'on mesure.

L'appareil est gradué d'avance en lui appliquant des forces connues.

Les figures 3 et 4 sont celles des dynamomètres les plus usuels.

Unité de force. — La force que l'on a prise pour choisir l'unité est la pesanteur;

L'unité est un poids, par exemple le kilogramme.

Caractère des forces. — La force est caractérisée par plusieurs éléments :

1° Le *point d'application.*

2° La *direction*, c'est-à-dire la droite qu'elle

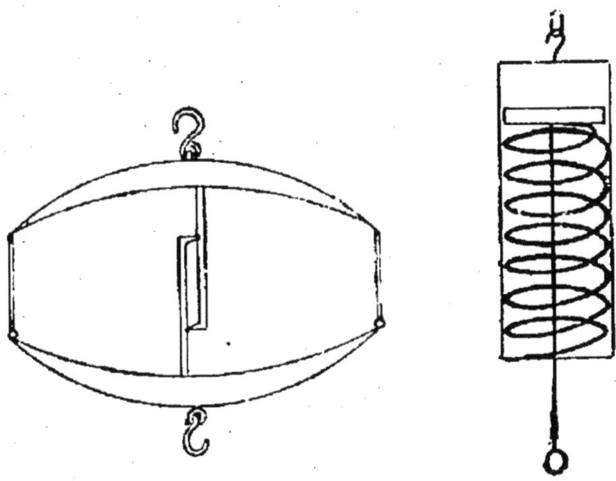

Fig. 3 et 4. — Dynamomètres.

tend à faire parcourir à son point d'application.

3° L'*intensité* ou grandeur de la force par rapport à la force unité.

Représentation des forces. — Les trois éléments de la force peuvent se représenter par une ligne telle que A B (fig. 5) dans laquelle A est le point d'application, la flèche B indique que la direction de la force est de A vers

B, la longueur de la ligne A B est proportionnelle à la grandeur de la force.

Fig. 5. — Représentation des forces.

Equilibre. — Plusieurs forces s'appliquant à un même corps, il peut arriver que trois d'entre elles neutralisent l'effet d'une quatrième de telle sorte que l'état de repos du corps n'est pas modifié. On dit alors qu'il y a *équilibre.*

Résultantes, composantes. — Considérons les trois forces F_1 F_2 F_3 qui font équilibre à une force F_4 on conçoit aisément qu'une force unique F peut accomplir le même effet que les trois forces F_1 F_2 F_3, c'est-à-dire faire équilibre à F_4. Cette force unique F est dite la *résultante* des trois forces F_1 F_2 F_3 et celles-ci sont dites *composantes.*

Chercher la résultante de plusieurs forces, se dit *composer* ces forces, l'opération inverse est *décomposer* une force en ses composantes.

La statique s'occupe de la composition et de la décomposition des forces.

Composition des forces parallèles. — 1° Lorsque deux forces parallèles sont appliquées à un même point, elles ont une résultante égale à leur somme si elles sont de même direction, et à leur différence si elles sont de directions contraires.

2° Lorsque deux forces P et Q, parallèles et de même direction, sont appliquées aux

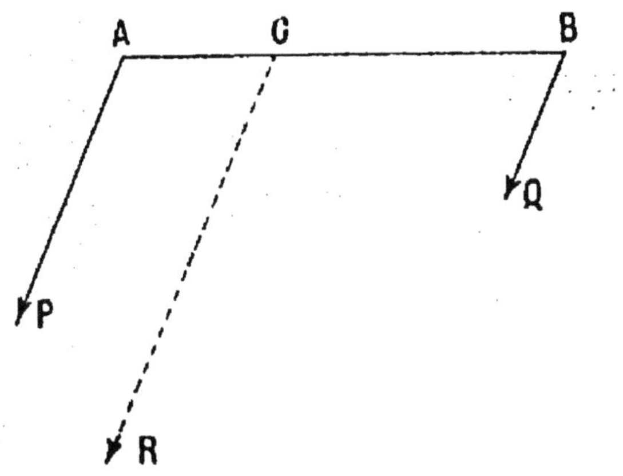

Fig. 6. — Composition des forces parallèles.

points A et B d'un solide rigide, leur résultante R est égale à leur somme, leur est parallèle, et partage la droite A B en deux parties inversement proportionnelles aux forces P et Q.

$$\frac{AC}{CB} = \frac{Q}{P},$$

$$AC \times P = CB \times Q. \qquad \text{(fig. 6)}$$

Réciproquement, une force unique R peut être remplacée par deux forces parallèles P et Q de grandeur telle que la somme

$P + Q = R$ et s'appliquant en deux points A et B de la droite ACB tels que

$$AC \times P = CB \times Q.$$

3° Lorsque deux forces parallèles agissent dans les deux directions opposées, la résultante est parallèle à la direction des droites,

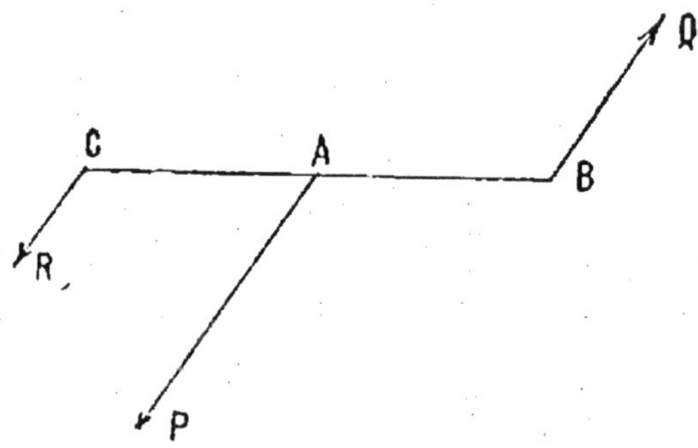

Fig. 7. — Composition des forces parallèles.

elle est de grandeur $P - Q$, dirigée dans le sens de la plus grande des deux forces, et son point d'application se trouve sur la droite AB de telle sorte que $\frac{CA}{CB} = \frac{Q}{P}$.

$$CA \times P = CB \times Q. \qquad \text{(fig. 7)}$$

4° Cas de plusieurs forces parallèles.

Supposons *n* forces parallèles, nous pouvons prendre la résultante de deux d'entre elles.

Cette résultante étant équivalente aux deux

forces qu'elle remplace, il ne nous reste à composer que $n - 1$ forces parallèles.

En procédant ainsi de proche en proche, nous finissons par n'avoir plus qu'une seule force qui est la résultante du système.

5° Couple. — Supposons deux forces parallèles dirigées en sens inverse et de même

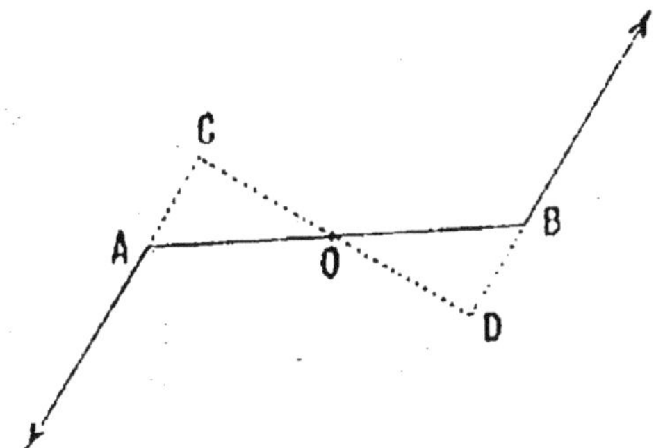

Fig. 8. — Couple.

grandeur : $P - Q = 0$ et cependant les forces ne se font pas équilibre. Le corps tend à tourner autour du point O milieu de AB (fig. 8).

Un couple est déterminé par son *moment* : c'est le produit de l'intensité de la force P par la plus courte distance CD des deux forces. CD est le *bras de levier* du couple.

Composition des forces concourantes. — Considérons deux forces appliquées au même point, leur résultante est donnée par la règle suivante, connue sous le nom de *règle du parallélogramme des forces.*

La résultante de deux forces concourantes est représentée en grandeur et en direction par la diagonale du parallélogramme construit sur ces forces.

Soient deux forces F et F′ appliquées au point A, la droite AR représente leur résultante (fig. 9).

Réciproquement, toute force R peut être

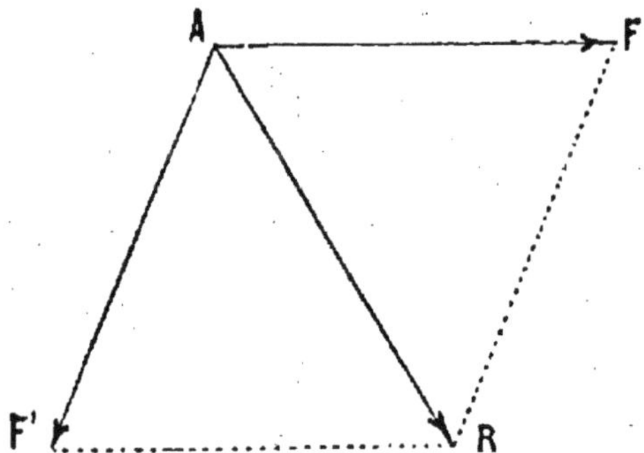

Fig. 9. — Parallélogramme des forces.

décomposée en deux autres F et F′ appliquées au même point que la première, et dirigées dans deux directions données.

Il suffit de construire avec R comme diagonale, le parallélogramme dont les côtés sont parallèles aux deux directions données.

Cas d'un grand nombre de forces concourantes.

Soient n forces, nous pouvons prendre la

résultante de deux d'entre elles par la règle du parallélogramme, et réduire ainsi leur nombre à $n - 1$ et continuer de proche en proche.

Réciproquement toute force R peut se décomposer en un nombre quelconque de forces concourantes.

Problème général. — Composition de forces quelconques. — Lorsque plusieurs forces appliquées à un même corps se font équilibre, la somme géométrique de leurs projections sur un même axe est nulle.

Si, dans le cas des forces parallèles ou concourantes nous donnons à la résultante R le signe contraire, cette nouvelle force — R fait équilibre aux composantes, et la somme géométrique des projections de ces forces sur un axe est nulle.

Moment d'une force. — On appelle *moment* d'une force par rapport à un axe, le produit de cette force par la distance de son point d'application à l'axe.

Théorème. — La somme des moments des composantes est égale au moment de la résultante.

Dynamique. — Dans la statique, nous avons considéré la force dans un état particulier d'équilibre.

Cela nous a permis de faire abstraction de son support, la matière, mais dans l'état de mouvement c'est la matière qui change de place, et l'idée de force devient inséparable de l'idée de matière.

Les forces physiques peuvent se ramener à trois : la *gravitation* ou attraction universelle, l'*élasticité* ou cohésion et l'*affinité* chimique dont nous ne nous occuperons pas.

De quelque force qu'il s'agisse elle n'existe pas sans la matière ; nous concevons que si l'on pouvait isoler dans l'univers un point il ne serait soumis à aucune force.

La matière est le siège de la force.

Nous sommes amenés à admettre alors trois principes :

1er *Principe.* — Avec Newton nous imaginons deux éléments matériels isolés dans l'univers et nous admettons que l'un d'eux ne peut être soumis à une force qu'à la condition d'exercer sur l'autre une force égale et de sens contraire.

C'est le principe d'*égalité et d'opposition de l'action et de la réaction.*

2e *Principe : De l'inertie.* — Un élément matériel quel qu'il soit, ne peut être modifié sans l'existence d'un autre élément matériel, et toute modification du mouvement d'un élément matériel vient d'un autre élément matériel.

3° *Principe : De l'indépendance des effets des forces.* — L'accélération résultant d'une seule cause physique de mouvement est indépendante de la vitesse de l'élément qui en subit l'action ; — l'accélération résultant des actions simultanées de plusieurs causes physiques est la somme géométrique des accélérations qui résulteraient de chacune d'elles prises isolément.

Lois du mouvement.

1° Lorsqu'une force constante en grandeur et en direction agit sur un point matériel, elle lui imprime un mouvement rectiligne et uniformément varié ;

2° Réciproquement, lorsqu'une force communique à un point matériel un mouvement rectiligne et uniformément accéléré, cette force est constante en grandeur et en direction.

3° Si la force variable qui produit un mouvement varié devient constante à partir d'un instant t, le mouvement devient uniformément varié à partir du même instant, et l'accélération du mouvement final est égale à l'accélération à l'instant t dans le mouvement initial.

Masse. — Lorsque plusieurs forces constantes agissent successivement sur un même corps, elles lui communiquent des accélérations γ, γ', γ'', proportionnelles à leurs intensités F, F', F'' :

$$\frac{F}{F'} = \frac{\gamma}{\gamma'} \qquad \frac{F}{F''} = \frac{\gamma}{\gamma''}$$

De ces égalités on tire :

$$\frac{F}{\gamma} = \frac{F'}{\gamma'} = \frac{F''}{\gamma''} = C^{te}.$$

Ce rapport constant qui est l'introduction de l'idée de matérialité dans le mouvement, a reçu le nom de *masse*. On dit que deux corps ont même masse lorsque, sollicités par des forces égales et constantes, ils prennent la même accélération.

Quantité de mouvement. — Le produit MV de la masse d'un corps par la vitesse du mouvement dont il est animé a reçu le nom de *quantité de mouvement*.

Soient deux masses M et M' sollicitées respectivement par deux forces F et F' qui leur communiquent des vitesses V et V'. Au même instant t,

$$V = \gamma t, \qquad \text{d'où} \qquad \gamma = \frac{V}{t},$$

$$V' = \gamma' t, \qquad \text{d'où} \qquad \gamma' = \frac{V'}{t}.$$

Or nous avons

$$F = M\gamma \quad \text{et} \quad F' = M'\gamma';$$

$$F = \frac{MV}{t} \quad \text{et} \quad F' = \frac{M'V'}{t}$$

Divisons membre à membre.

$$\frac{F}{F'} = \frac{MV}{M'V'}$$

Deux forces quelconques sont entre elles comme les quantités de mouvement qu'elles impriment à deux masses différentes.

Il en résulte pour une même force

$$F = F',$$

$$MV = M'V'.$$

$$\frac{M}{M'} = \frac{V'}{V},$$

Les vitesses imprimées par une même force à deux masses inégales sont en raison inverse de ces masses.

Travail. — Lorsqu'une force produit le

A B

Fig. 10.

déplacement d'un point matériel de A en B (fig. 10), le produit de la force F par le déplacement AB s'appelle le travail de la force.

$$T = F \times AB.$$

Ceci suppose que le point se déplace dans la direction de la force ; s'il n'en est pas ainsi, la trajectoire fait un angle α avec la direction

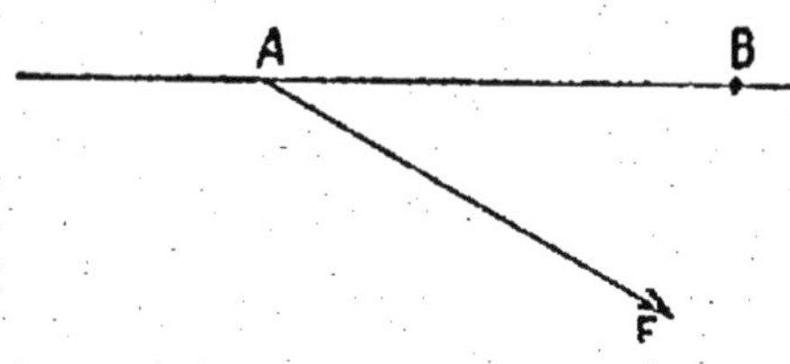

Fig. 11.

de la force (fig. 11), et le travail s'exprime par l'équation $T = F \times AB \times \cos \alpha$.

Théorème. — Le travail de la résultante de plusieurs forces concourantes est égal à la somme géométrique (grandeur et orientation) des travaux des composantes.

Force vive. — On appelle force vive à l'instant t le produit de la masse du point en mouvement par le carré de la vitesse.

$$W = mV^2.$$

On considère souvent le facteur $\frac{1}{2} mV^2$.

Les auteurs désignent tantôt l'un, tantôt l'autre sous les noms de force vive et de puissance vive.

On adopte le plus généralement le nom de puissance vive pour le terme $\frac{1}{2} mV^2$.

Théorème. — Le travail effectué par une force pour déplacer un point matériel d'un point à un autre de sa trajectoire est égal à la variation de puissance vive $\left(\frac{1}{2} mV^2\right)$ qu'a subie le point matériel pendant le déplacement.

Ce qui a pu varier c'est la vitesse.

$$T = \frac{1}{2} mV^2 - \frac{1}{2} mV_o^2$$

$$T = \frac{1}{2} m (V^2 - V_o^2)$$

Ce qui est vrai pour une force est vrai pour toutes les forces agissant sur les points d'un même système matériel : la somme des travaux de toutes les forces pendant un intervalle de temps $t - t_o$ est égale à la somme des variations de puissance vive.

Mouvement des systèmes matériels. — Les lois du mouvement sont déterminées mathématiquement en considérant les corps comme formés de points matériels reliés les uns aux autres par un lien rigide et sur chacun desquels s'exercent les forces.

Dans ces conditions, on démontre géométriquement que ces forces ont une résultante appliquée en un point idéal appelé *centre de masse*.

Mais en réalité, le lien des points matériels n'est pas rigide : les molécules des corps sont reliées les unes aux autres par des forces équilibrées et qui n'influent pas sur le déplacement du centre de masse. Ces forces invisibles sont dites *forces intérieures.*

Conservation de la force vive. — Ces forces intérieures jouent un rôle important dans la conservation de la force vive.

Supposons deux trains ayant même masse, animés de la même vitesse et marchant à la rencontre l'un de l'autre. Le choc se produit et tout le système s'arrête. La puissance vive de ce double système est $2\left(\frac{1}{2}MV^2\right)$, elle est détruite puisqu'il n'y a plus de mouvement. Elle s'est *transformée* en *forces intérieures* très puissantes qui ont porté dans l'intérieur de notre système des transformations considérables.

Autre exemple : lorsqu'on frappe une cloche avec un marteau, le coup est porté en un temps infiniment court, le centre de masse se meut à peine, et cependant on produit des travaux intérieurs si importants que la cloche peut se briser : c'est la force vive provenant du travail musculaire appliqué au marteau qui est transformée en *travail intérieur.*

Dans l'opération de la frappe des monnaies, il y a ainsi transformation brusque de la force vive du coin en forces intérieures très puissantes, qui produisent en particulier une accélération de mouvement vibratoire sous forme d'un dégagement de chaleur.

Il en est de même dans le briquet à air (fig. 12).

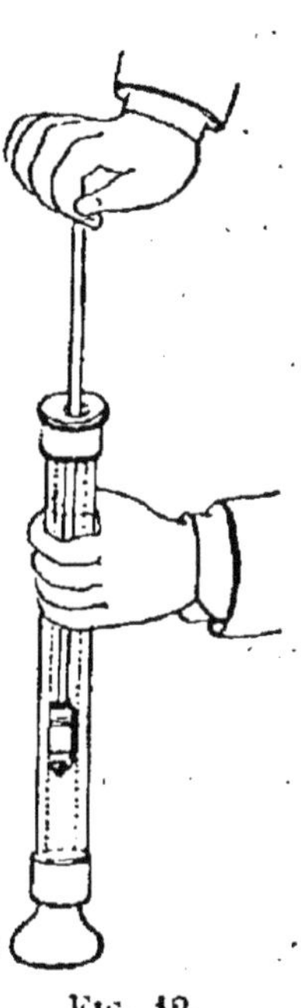

Fig. 12. Briquet à air.

La chaleur est un mouvement sans déplacement du centre de masse, c'est une variation de puissance vive due à un travail intérieur.

Nous observons des corps soumis à des actions par la simple présence d'autres corps, ils font entre eux des échanges manifestes de force vive.

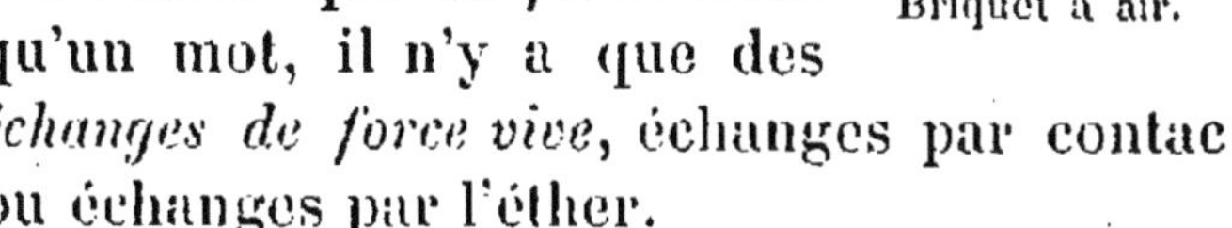

De sorte que la *force* n'est qu'un mot, il n'y a que des *échanges de force vive*, échanges par contact ou échanges par l'éther.

Théorie de l'énergie. — Considérons un corps quelconque ou un système de points matériels, il est soumis à des forces extérieures et à des forces intérieures.

J'appelle $\mathfrak{T}_i$ le travail des forces intérieures et $\mathfrak{T}_e$ le travail des forces extérieures, T est la force vive actuelle du système, on l'appelle *énergie actuelle* ou *cinétique*.

$$T - T_0 = \mathfrak{T}_e + \mathfrak{T}_i$$

d'après le théorème des forces vives.

Le travail intérieur $\mathfrak{T}_i$ doit provenir d'une énergie, d'une différence de force vive cachée, mais qui existe, latente, puisque nous constatons ses transformations. Cette force vive intérieure, nous l'appelons le *potentiel* ou *énergie potentielle*

$$\mathfrak{T}_i = U_0 - U = -\Delta U.$$

Nous emploierons pour la suite la notation très simple qui consiste à indiquer la différence de deux quantités A et A_0 sous la forme ΔA; le signe $+ \Delta A$ indique la différence

$$A - A_0$$

le signe $- \Delta A$ remplace $A_0 - A$.

Ceci posé, nous appelons $H = T + U$ l'énergie totale ou *énergie* proprement dite, somme de l'énergie apparente et de l'énergie cachée.

L'accroissement d'énergie

$$\Delta H = \Delta (T + U)$$

comme

$$\Delta T = \mathfrak{T}_e + \mathfrak{T}_i,$$

et que

$$\mathfrak{T}_i = -\Delta U,$$

par définition de U

$$\Delta T = \mathfrak{T}_e - \Delta U$$

d'où

$$\Delta T + \Delta U = \mathfrak{T}_e = \Delta (T + U) = \Delta H,$$

ce qui s'exprime en disant que :

La variation de l'énergie est égale au travail des forces extérieures.

Prenons un exemple : Considérons un pendule, c'est-à-dire le système constitué par un corps pesant suspendu par un lien à un point fixe. Il est soumis à deux forces intérieures : l'attraction de la terre qui le sollicite de haut en bas, et la résistance du point de suspension qui s'oppose à la chute. Un tel système contient de l'énergie potentielle, et ce qui le montre, c'est qu'aussitôt que nous avons changé les conditions d'équilibre, le pendule se met à osciller indéfiniment, transformant ainsi son énergie potentielle en énergie cinétique.

Des machines. — Les machines sont des appareils destinés à faire équilibre à des forces déterminées appelées *résistances*, au moyen de forces disponibles que l'on nomme *puissances*. Elles servent aussi à déplacer le point d'application des résistances.

Une machine est dite *simple*, lorsque ses *organes* sont constitués par une pièce unique assujettie à certaines liaisons, comme le levier ou le treuil.

Une machine composée est un assemblage de machines simples.

Travail moteur. Travail résistant. — Les forces disponibles que nous utilisons dans les machines déplacent leur point d'application. Chacune produit un *travail*; la somme des travaux des composantes est dite *travail moteur*.

De leur côté, les résistances produisent des travaux dont la somme est le *travail résistant*.

Si nous considérons le déplacement du point d'application, les *résistances* seront toutes les forces qui font avec ce déplacement un angle obtus. Dans l'expression du travail.

$$T = F \times AB \times \cos \alpha.$$

Cos α est alors négatif, et T est négatif. Au contraire les *puissances* sont les forces qui font avec le déplacement du point d'application un angle aigu; cos α est positif et le travail des puissances est positif.

Il en résulte que si l'on fait la somme algébrique des travaux des composantes on obtient l'expression.

$$\Sigma(T) = T_m - T_r.$$

Nous pouvons appliquer le théorème des forces vives et écrire que

$$\Sigma(T) = T_m - T_r = \Sigma\left(\frac{1}{2}mV^2 - \frac{1}{2}mV_0^2\right)$$

Les machines que l'on utilise dans la pratique marchent toutes soit à *vitesse uniforme*, soit à vitesse périodiquement uniforme.

1er *cas*. — Vitesse uniforme.

$$V = V_0$$

d'où
$$\Sigma(T) = 0.$$
$$T_m = T_r.$$

Le travail moteur est identique au travail résistant.

2e *cas*. — La vitesse repasse successivement au bout d'intervalles t par la valeur V_0; il en résulte que l'accroissement de force vive est nul au bout de chaque intervalle t et l'on a encore.

$$T_m = T_r.$$

Résistances passives. — Parmi les résistances que doit vaincre le travail d'une machine, on peut établir deux catégories: les unes sont les résistances prévues, celles pour qui la machine est mise en mouvement, les autres proviennent des imperfections du mécanisme, du frottement des pièces les unes sur les autres, de la résistance de l'air, etc..; ces dernières sont appelées *résistances passives*.

Travail utile. — Il en résulte que le travail moteur doit faire équilibre à la fois aux résistances prévues, utiles, et aux résistances passives, le travail résistant se décomposera donc en *travail utile* et *travail passif*.

$$T_m = T_r = T_u + T_p.$$

Rendement. — On appelle rendement d'une machine le rapport du travail utile au travail moteur dépensé.

$$R = \frac{T_u}{T_m}$$

Comme le travail utile est toujours inférieur au travail moteur, le rendement est forcément un nombre plus petit que l'unité.

Machines simples. — *Levier.* — C'est une barre AB (fig. 13) qui permet de soulever un corps pesant M lorsqu'on exerce en B une force suffisante. Cette barre s'appuie en un point C sur l'arête d'un support rigide autour duquel elle peut tourner.

Supposons le corps légèrement soulevé, alors le levier est soumis à deux forces parallèles : l'une en A qui est le poids de la masse M, l'autre en B qui est l'effort de l'opérateur. Ces deux forces parallèles ont une résultante qui passe nécessairement par le point C, car s'il en était autrement, le levier tournerait autour de C.

Nous nous trouvons alors dans les conditions d'équilibre de deux forces parallèles P et Q appliquées à un solide rigide, et nous savons qu'il faut que ces forces soient inversement proportionnelles aux distances AC et CB que l'on appelle les *bras du levier*.

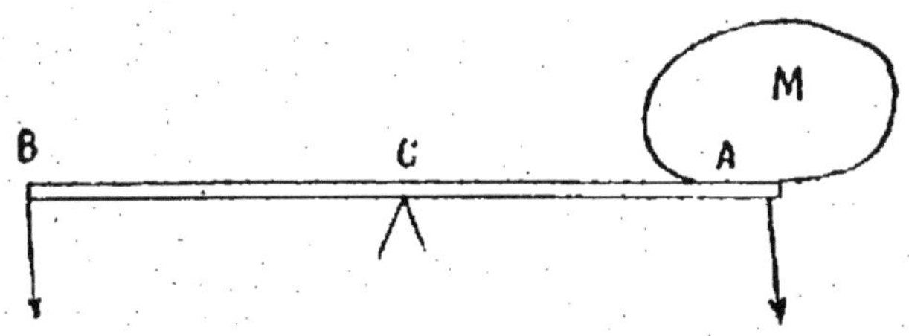

FIG. 13. — Levier du premier genre.

Levier coudé. — Considérons un levier coudé BCA (fig. 14) aux extrémités duquel sont appliquées deux forces respectivement perpendiculaires aux bras du levier AC et BC. Menons B'C prolongement de CA jusqu'au point B' tel que B'C = BC.

On admettra sans peine que si l'on applique à B', perpendiculairement à B'C, la force qui était appliquée en B, elle agira de la même manière, pour faire tourner le levier autour du point d'appui C, et que, dans l'un et l'autre cas, elle devra avoir la même grandeur pour faire équilibre à la force appliquée au point A. Comme nous avons démontré que pour l'équilibre du levier droit, il fallait que les forces fussent inversement proportionnelles aux

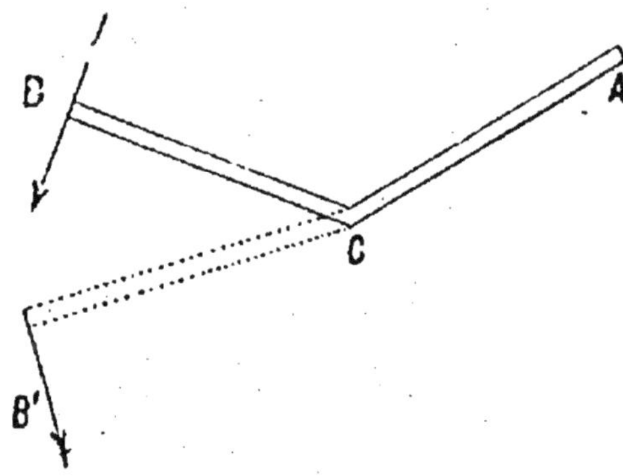

Fig. 14. — Levier coudé.

bras de levier, il en sera de même du levier coudé.

Remarquons que dans l'expression algébrique

$$\frac{AC}{CB} = \frac{Q}{P},$$

nous avons aussi

$$AC \times P = CB \times Q,$$

ce que l'on exprime en disant que dans un

levier les moments des forces sont égaux. On appelle moment d'une force le produit de cette force par sa distance à un point qu'on appelle centre des moments. Le point C du levier est précisément ce centre des moments.

Divers genres de leviers. — Le levier est dit

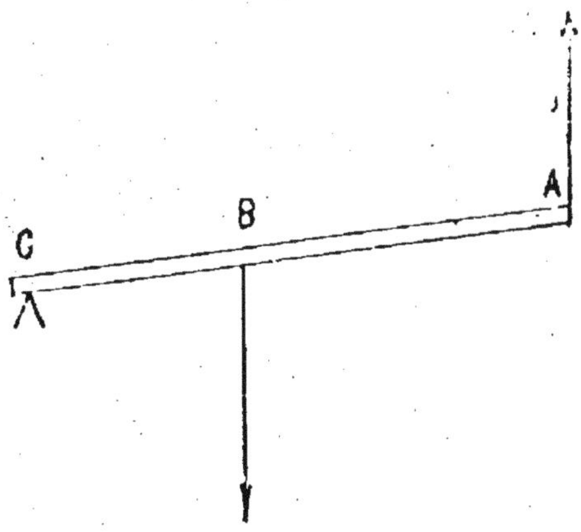

Fig. 15. — Levier du deuxième genre.

dit *premier genre*, lorsqu'il a son point d'appui placé entre les points d'application des deux forces (fig. 13).

Lorsque le point d'application de la résistance est placé entre le point d'appui et le point d'application de la puissance, on a un levier du deuxième genre (fig. 15).

Lorsque le point d'application de la puissance est situé entre le point d'appui et le point d'application de la résistance, on a un levier du troisième genre (fig. 16).

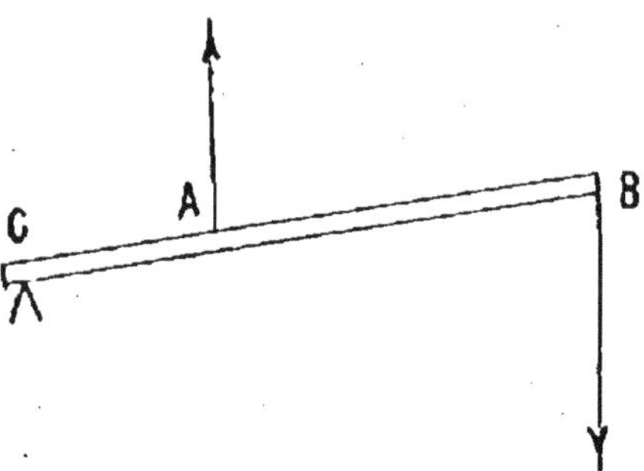

FIG. 16. — Levier du troisième genre.

Poulie. — La poulie est un disque circulaire qui peut tourner librement autour d'un axe qui le traverse en son milieu. L'axe est fixé à la poulie et tourne dans deux ouvertures pratiquées dans une *chape* qui entoure la poulie; l'axe peut aussi être fixé à la chape et traverser à frottement doux la poulie qui peut ainsi tourner sans lui.

La figure 17 représente une poulie sur la gorge de laquelle est placée une corde ; celle-ci supporte un poids à l'une de ses extrémités et à l'autre l'effort de traction qui maintient ce poids en équilibre.

Les deux forces qui agissent suivant les deux parties droites de la corde sont dans les mêmes conditions que si elles agissaient aux deux extrémités d'un levier coudé ACB; — les deux bras de levier sont égaux, il en résulte que la force de traction doit être égale

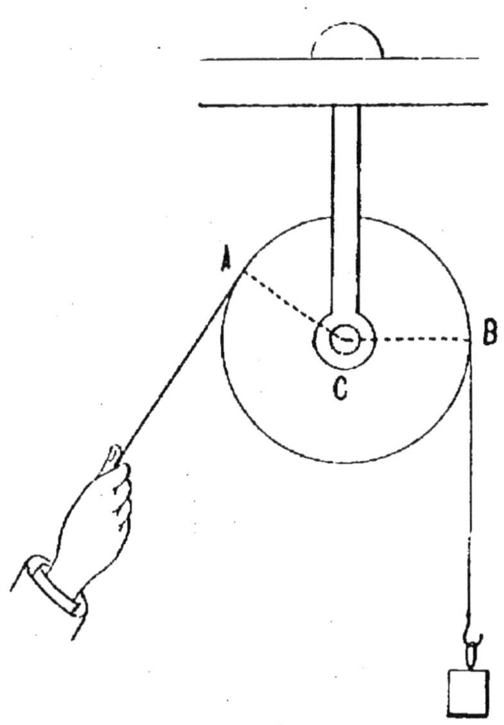

Fig. 17. — Poulie.

au poids du corps qu'elle maintient en équilibre. La poulie peut encore être employée comme l'indique la figure 18. Une des extrémités de la corde est fixée à un point F. — La résultante de la tension des deux brins de la corde doit être égale au poids du corps, mais les deux cordons doivent être également

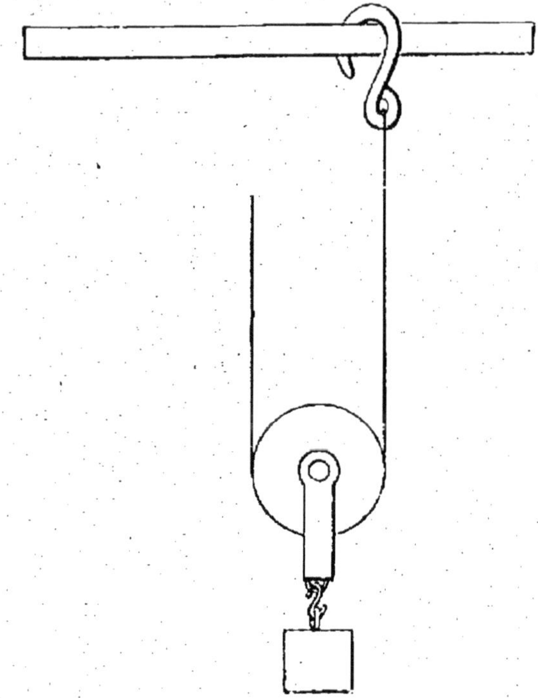

Fig. 18. — Poulie.

tendus, la force de traction sera donc égale à la moitié du poids.

Moufles. — Les moufles sont des appareils formés de plusieurs poulies réunies sur une même chape. On emploie généralement un système formé de deux moufles, une supérieure, une inférieure. La chape de la moufle supérieure s'attache par un crochet à un point fixe, celle de la moufle inférieure supporte le poids.

Une corde fixée par l'une de ses extrémités à la chape supérieure vient passer successivement dans les gorges des poulies en passant alternativement d'une poulie supérieure à une poulie inférieure.

Supposons trois poulies en haut et trois en bas (fig. 19), il est facile de voir, d'après ce qui précède, que les six cordons qui supportent la moufle inférieure étant également tendus, la tension de chacun d'eux sera le sixième du poids du corps et que la force de traction appliquée à l'extrémité

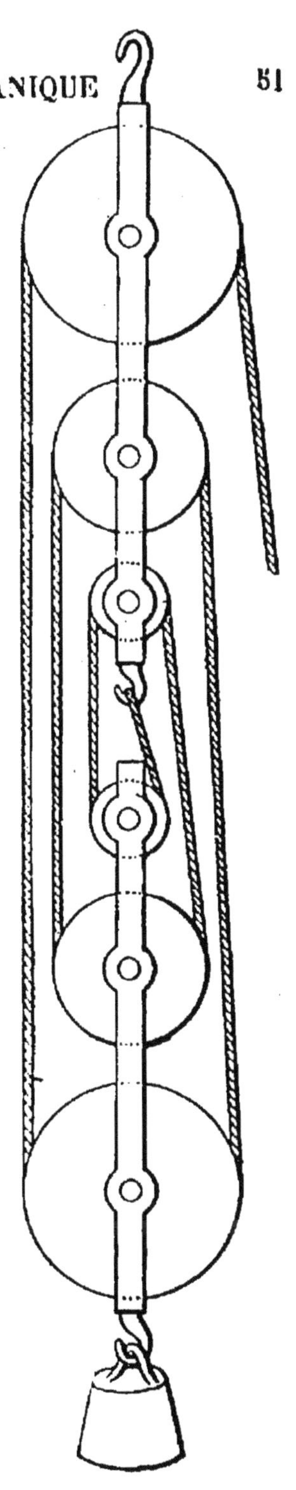

FIG. 19. — Moufle.

libre de la corde qui détermine la tension aura la même valeur, c'est-à-dire qu'elle sera six fois plus petite que le poids auquel elle fait équilibre.

CHAPITRE III

DE LA MESURE

Grandeurs et unités fondamentales. — La physique moderne a réduit l'étude des phénomènes à celle de *mouvements*. Il en résulte que toutes les grandeurs se rattachent aux propriétés générales du mouvement.

Les éléments constitutifs du mouvement sont : l'*espace*, la *matière* et le *temps*.

Pour établir un système de mesures unique il a fallu déterminer trois unités fondamentales : l'unité de longueur, l'unité de masse, l'unité de temps.

Le choix des unités est arbitraire, mais il est évident que par un choix convenable on peut établir entre elles certaines relations qui permettent de simplifier les mesures et les formules.

D'autre part, pour la même raison de simplicité, on a adopté des subdivisions des unités conformes à notre système de numération : multiples et sous-multiples *décimaux*.

Systèmes C. G. S. — Le *Congrès International des Electriciens* réuni à Paris en 1881 a fait choix d'un système de mesures universellement adopté aujourd'hui. C'est le système *centimètre*, *gramme*, *seconde* dénommé par abréviation : *système C. G. S.*

Dimensions des quantités physiques. — Toute quantité physique peut s'exprimer en fonction des grandeurs fondamentales, et en fonction de celles-ci seulement.

L'expression qui en résulte constitue les dimensions de la quantité physique. Par exemple, la *surface* est le produit de deux longueurs L × L, son expression sera L^2.

De même une vitesse étant le rapport d'une longueur à un temps aura pour expression :

$$V = \frac{L}{T} = LT^{-1}$$

Et ainsi des autres.

Le rapport de deux quantités de même nature est un nombre et n'a pas de dimensions.

Homogénéité. — Les équations de relations entre les quantités physiques doivent toujours être *homogènes*, c'est-à-dire que l'on ne peut égaler que des quantités de même espèce, ayant les mêmes dimensions; *les deux membres d'une équation ont toujours les mêmes dimensions.*

Longueur (L). — L'unité de longueur est le centimètre, centième partie du mètre étalon déposé aux Archives, on rapporte toutes les longueurs à cette unité.

Masse (M). — C'est la propriété indestructible et permanente de la matière.

L'unité de masse est celle d'un centimètre cube d'eau distillée à son maximum de densité. On l'appelle *gramme masse.*

Temps (T). — On acquiert la notion du temps en admettant que deux phénomènes identiques ont la même durée.

Sa mesure est basée sur la permanence des phénomènes astronomiques. On se sert du *jour solaire moyen*, que l'on divise en 24 heures, chaque heure en 60 minutes, chaque minute en 60 secondes. La seconde, $\frac{1}{86400}$ du jour solaire moyen, est l'unité C. G. S. de temps.

Multiples et sous-multiples. — Les multiples et sous-multiples décimaux s'indiquent par des préfixes.

MULTIPLES

			Fois plus grande
Méga ou *Meg*	désigne	une unité	1.000.000
Myria	—	—	10.000
Kilo.	—	—	1.000
Hecto. . . .	—	—	100
Déca	—	—	10

SOUS-MULTIPLES

			Fois plus petite.
Déci.	désigne	une unité	10
Centi	—	—	100
Milli	—	—	1.000
Micro ou *Micr*	—	—	1.000.000

Mesure du temps. — Nous ne concevons pas le *temps* comme une *grandeur* absolue, nous n'avons que la notion de *différences de temps* ou d'*espaces de temps* et ces espaces de temps sont des grandeurs susceptibles de *mesure*.

En effet, on définit deux temps égaux les espaces de temps pendant lesquels s'accomplissent deux phénomènes identiques, ou bien les répétitions d'un même phénomène périodique, par exemple les battements d'un pendule, ou bien la durée de la révolution d'une planète.

On définit un temps *double* d'une autre l'espace pendant lequel s'accomplit deux fois le même phénomène.

Il en résulte qu'on effectuera la *mesure* d'un temps en comparant sa durée à celle d'un phénomène périodique constaté toujours identique à lui-même.

C'est ainsi que l'on a fait choix du pendule comme instrument de mesure, et de la rotation de la terre autour de son axe comme unité de temps.

C'est en 1658 que Huygens proposa d'adapter le pendule aux horloges.

Les appareils de mesure, horloges ou chronomètres sont constitués essentiellement par un moteur : ressort enroulé en spirale, chute d'un corps suspendu à une corde s'enroulant sur un treuil, etc., tout moteur tendant à faire tourner une roue autour de son axe.

Le mouvement de cette roue est alors *réglé* au moyen d'un mouvement pendulaire qu'on appelle *échappement*.

Echappement à ancre. — La roue motrice porte une poulie concentrique armée de dents qui viennent s'engager dans les crans *a b* d'une pièce rigide recourbée placée au-dessus de la roue dentée et tournant autour d'un axe OO′. Autour du même axe une tige *c d* vient saisir par une pince *d* la tige d'un pendule mobile autour du point A. Dans le mouvement pendulaire, la tige *c d* suit les oscillations du pendule, de sorte que les crans *a* et *b* viennent l'un après l'autre s'engager dans les dents de la roue motrice. Celle-ci, sollicitée par le moteur, tend à tourner dans un certain sens, et aussitôt que le cran qui la maintenait se soulève, elle tourne jusqu'à ce que l'autre cran vienne l'arrêter de nouveau (fig. 20).

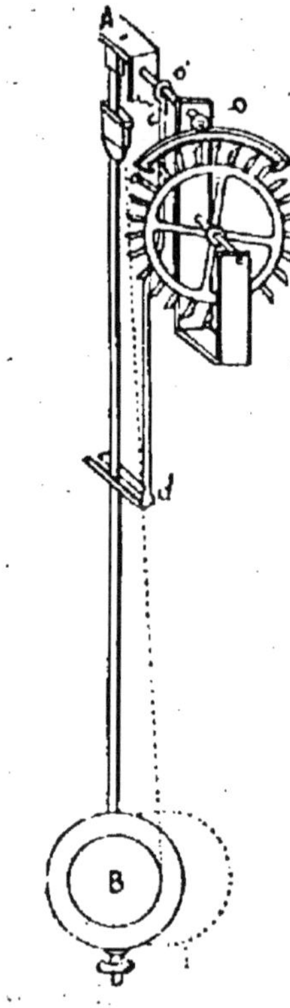

Fig. 20.
Échappement à ancre.

Les oscillations du pendule s'effectuant dans des temps égaux, on comprend que la roue elle-même tourne toujours d'une même quantité, dans le même temps. Il ne reste plus qu'à enregistrer ces mouvements en les amplifiant, au moyen d'engrenages et d'aiguilles.

Échappement à cylindre. — Le principe est toujours le même, le dispositif seul diffère.

Le système moteur actionne une roue d'une forme un peu particulière portant un certain nombre de dents recourbées comme le montre la figure 21. Le pendule est constitué par une sorte de *volant* tournant autour d'un axe perpendiculaire au plan de la roue motrice et mû par un ressort tourné en spirale. Une petite pièce d'agate taillée en biseau et fixée au volant, vient à chacune de ses oscillations frapper la roue dentée et l'arrêter un instant pour la laisser libre un moment après. Le mouvement de la roue est ainsi arrêté périodiquement.

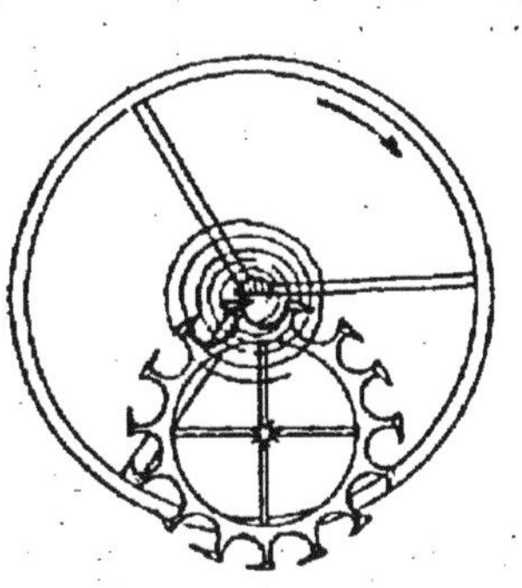

Fig. 21.
Échappement à cylindre.

Unités de temps. — Le choix de l'unité de temps est en quelque sorte arbitraire : tout phénomène qui nous paraît constant dans le temps peut servir de base à un système de mesure.

On a choisi comme unité la durée de la révolution de la Terre autour de son axe, durée que l'on nomme le *jour*; celui-ci a été subdivisé en 24 heures, l'heure en 60 minutes et la minute en 60 secondes.

L'unité C. G. S. de temps est la seconde sexagésimale.

Mesure de la masse. — Nous avons défini

la *masse*, le rapport, constant pour un même corps, de la force constante, à l'accélération du mouvement uniformément varié qui en résulte.

$$M = \frac{F}{\gamma}.$$

On démontre que la pesanteur, variété de l'attraction universelle, est une force constante en grandeur et en direction pour un point donné de la terre. On appelle *poids* des corps cette force exercée par la pesanteur sur chaque corps.

Il en résulte que l'accélération du mouvement est constante.

La méthode de mesure des masses sera une méthode de réduction à zéro.

L'appareil de mesure se nomme la balance.

Balance. — Une balance est donc un instrument destiné à comparer la masse des corps.

La balance se compose essentiellement d'un levier du premier genre qu'on appelle un fléau, parfaitement mobile autour d'un axe passant par son milieu.

Aux deux extrémités sont suspendus des plateaux destinés à recevoir d'une part le corps, et d'autre part des masses-étalons que l'on appelle des *poids marqués*.

Une aiguille fixée à l'axe du fléau se meut sur un cadran et permet d'apprécier en les amplifiant les mouvements de l'appareil.

Méthode de pesée. — Une seule méthode est recommandable, les appareils étant toujours plus ou moins imparfaits : c'est la méthode dite des *doubles pesées* de Borda qui a le grand avantage de permettre de faire de bonnes pesées avec une balance *fausse*, pourvu que celle-ci soit *sensible.*

La méthode de Borda est la suivante :

On place dans un des plateaux de la balance le corps dont on veut connaître la masse, on lui fait équilibre avec une *tare* quelconque. L'équilibre établi, l'aiguille de la balance ramenée au zéro, on enlève le corps, on le remplace par des *poids marqués* jusqu'à ce que l'équilibre qui s'était rompu soit rétabli. De la sorte, on élimine les erreurs dues à la balance elle-même.

La méthode de pesée pratique diffère de celle de Borda en ce qu'on ne se sert pas de tare, mais que l'on fait deux lectures. On pose le corps dans un des plateaux, dans l'autre un poids marqué un peu plus lourd que le corps. On établit l'équilibre en ajoutant au corps des poids marqués.

On fait ainsi une première lecture que l'on inscrit de la façon suivante :

$$50 \text{ grammes} = \text{corps} + 1{,}3245.$$

Ceci fait, on enlève le corps et on le remplace par des poids marqués. On obtient ainsi une deuxième équation.

$$50 \text{ grammes} = 49{,}9987.$$

La masse du corps est alors :

$$49{,}9987 - 1{,}3245.$$

S'agit-il d'un corps liquide ou pulvérulent qu'il est nécessaire de peser dans un vase, on fait la pesée par la même méthode sans connaître le poids du vase. On écrit deux équations telles que les suivantes :

$$50 \text{ grammes} = \text{vase} + 6{,}9563$$

$$50 \text{ grammes} = \text{vase} + \text{corps} + 0{,}8547.$$

$$\text{masse du corps} = 6{,}9563 - 0{,}8547.$$

Conditions de justesse. — Une balance est dite juste lorsque son fléau reste horizontal, les plateaux étant vides ou chargés de poids égaux.

Nous avons vu qu'il n'était pas indispensable qu'une balance soit juste pour faire de bonnes pesées.

Les conditions de justesse sont les suivantes :

1° Que le centre de gravité du système mobile (fléau et plateaux) soit dans la verticale du point de suspension, lorsque le fléau est horizontal.

2° Que les bras du fléau soient égaux.

On appelle centre de gravité d'un système mobile, le point d'application de la résultante des forces verticales exercées par la pesanteur sur le système.

Il est évident que si ce point se trouve en dehors de la verticale du point de suspension, la résultante des forces de la pesanteur tendra à l'y ramener, il en résulte que le plateau s'inclinera ; la condition est donc nécessaire.

La deuxième condition n'est qu'un corollaire du principe de l'équilibre des leviers : si les forces sont égales, il est nécessaire que les bras du levier le soient aussi.

Conditions de commodité. — Il est nécessaire que le centre de gravité de la partie mobile soit au-dessous du point de suspension.

En effet, s'il en était autrement, si le centre de gravité se trouvait au-dessus du point de suspension, la moindre secousse romprait immédiatement l'équilibre et ferait décrire à la balance l'inclinaison maxima, si petite que soit la différence entre les poids placés dans les plateaux.

Il en serait de même si le centre de gravité se trouvait juste sur l'arête du couteau.

La balance est alors dite *folle*.

Au contraire, lorsque le centre de gravité est situé au-dessous de l'arête du couteau, le poids du fléau vient s'appliquer du côté opposé au poids le plus lourd et tend ainsi à modérer les oscillations de la balance.

Conditions de sensibilité. — On dit qu'une balance est sensible lorsqu'elle accuse par une notable déviation une faible différence entre les masses que l'on compare.

Une balance est d'autant plus sensible pour une même différence de masse :

1° que les bras du fléau sont plus longs ;

2° que le poids du système mobile est moindre ;

3° que le centre de gravité du fléau est plus rapproché de l'axe de suspension.

Soient P et Q deux poids appliqués aux extrémités d'un fléau A C B ; C est le point de suspension. J'appelle p le poids du système mobile. Lorsque le fléau oscille, nous pouvons le considérer comme un levier sur lequel s'exercent deux forces : l'une P-Q appliquée en A′ et l'autre p appliquée en g' ; leurs moments par rapport au point C sont respectivement (P-Q) $\times$ CD et $p \times$ Cd.

L'action de P-Q sera d'autant plus grande

que la longueur CD sera elle-même plus considérable, c'est-à-dire que les bras seront plus longs, que p et que Cd seront plus petits (fig. 22).

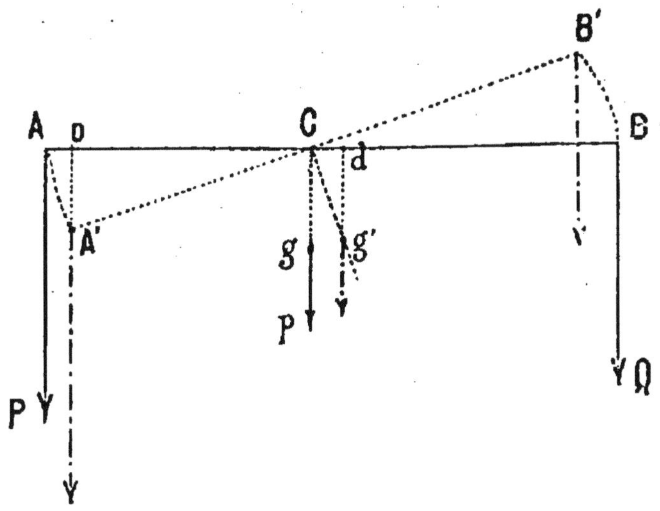

Fig. 22.

Sensibilité indépendante de la charge. — On démontre facilement que les trois points de suspension des plateaux et du fléau doivent être en ligne droite.

S'il n'en était pas ainsi, la sensibilité diminuerait avec la charge, ou bien augmenterait avec la charge, mais dans ce cas la balance deviendrait folle.

Mesure des longueurs. — *Vernier.* — Le vernier est un instrument destiné à évaluer des fractions de millimètre; un vernier au dizième donne $\frac{1}{10}$ de millimètre; les plus perfectionnés vont jusqu'au cinquantième.

L'appareil consiste en une petite règle qui

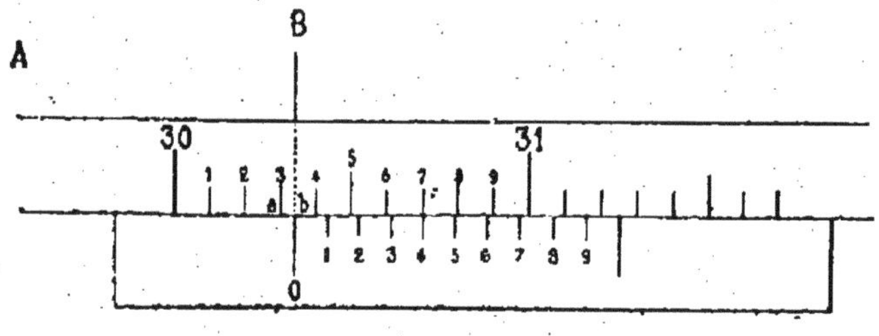

FIG. 23. — Vernier.

glisse à frottement le long de la règle graduée ordinaire.

Supposons que celle-ci donne le millimètre et qu'il s'agisse d'évaluer le dizième. On porte sur le vernier une longueur égale à 9 millimètres et l'on divise cette longueur en dix parties égales. Chacune de ces parties vaut $\frac{9}{10}$ de millimètre.

Soit à mesurer la longueur AB (fig. 23) : le point B tombe entre les divisions 3 et 4 de la règle.

Je place le zéro du vernier en face du point B et remarquant que la division 4 du vernier correspond exactement à la division 7 de la règle, je dis que la longueur AB est de 30 cent., 34, à moins de $\frac{1}{10}$ de millimètre près.

En effet, chacune des divisions du vernier ayant $\frac{9}{10}$ de millimètre et 4 du vernier coïncidant avec 7 de la règle :

La division 3 du vernier diffère de la division 6 de la règle de $\frac{1}{10}$ de millimètre.

La division 2 du vernier diffère de la division 5 de la règle de $\frac{2}{10}$ de millimètre.

et la division 0 du vernier diffère de la division 3 de la règle de $\frac{4}{10}$ de millimètre.

La distance *ab* est donc bien de $\frac{4}{10}$ de millimètre.

Pour construire un vernier au vingtième on prendrait 19 millimètres qu'on diviserait en 20 parties égales, chaque division serait donc de $\frac{19}{20}$ de millimètre et les divisions de la règle en différeraient de $\frac{1}{20}$ de millimètre.

Supposons que la division du vernier coïncidant avec une division de la règle, soit la 7e, on lise $\frac{7}{20}$.

$$\frac{7}{20} = \frac{6}{20} + \frac{1}{20} = \frac{3}{10} + \frac{5}{100} = \frac{35}{100}.$$

Vernier circulaire. — On adjoint souvent aux *rapporteurs*, *goniomètres*, etc... un vernier chargé d'apprécier une fraction de degré. Les verniers pratiques donnent la minute, les dix secondes et même cinq secondes.

Si je suppose le cadran divisé en demi-degrés, une réglette circulaire concentrique mobile en glissant sur le cadran porte une division faite en portant 29 demi-degrés que l'on divise en 30 parties, ce qui donne $\frac{1}{30}$ de demi-degré ou 1 minute :

On procède pour la lecture comme avec le vernier rectiligne, la division du vernier qui coïncide avec une division du cadran donne le chiffre des minutes.

Compas palmaire. — C'est un instrument destiné à mesurer l'épaisseur des corps solides. Il s'appuie sur les propriétés de la *vis micrométrique*. Supposons un cylindre de rayon R et à côté le triangle rectangle ayant pour base $2\pi R$ et pour hauteur h. Si nous enroulons le triangle autour du cylindre, son hypothénuse décrit une courbe que l'on nomme hélice. La hauteur h s'appelle le *pas de l'hélice* (fig. 24).

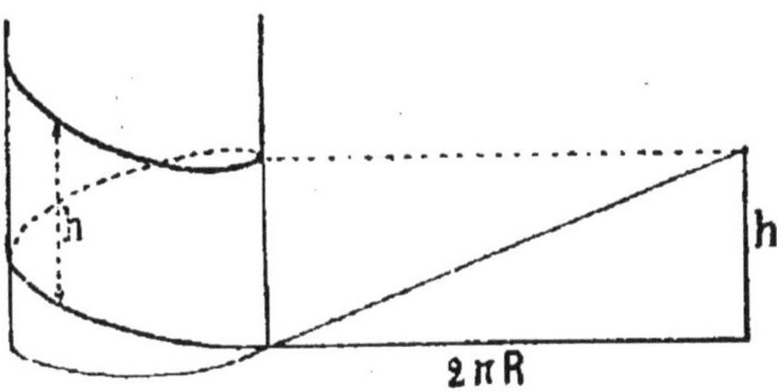

Fig. 24. — Hélice.

Si l'on creuse régulièrement le cylindre entre les différentes volutes de la courbe, on obtient une vis ; les parties saillantes sont les filets ; le pas est donc la distance entre deux filets.

On appelle *écrou* une vis creuse s'ajustant exactement avec la vis pleine et de telle sorte qu'écrou et vis peuvent se mouvoir librement l'un sur l'autre.

Supposons que l'écrou soit une pièce fixe et que nous fassions tourner la vis, elle avance dans un sens ou dans l'autre. Soit MN cette vis (fig. 25). Si je fais parcourir au point M une longueur $2\pi R$, c'est-à-dire une circonférence entière, le point N avance d'une longueur égale au pas h.

$$\frac{\text{Chemin parcouru par M}}{\text{Chemin parcouru par N}} = \frac{2\pi R}{h}.$$

Supposons la tête de la vis divisée en 500 parties, et le pas $h = 1$ millimètre, si l'on

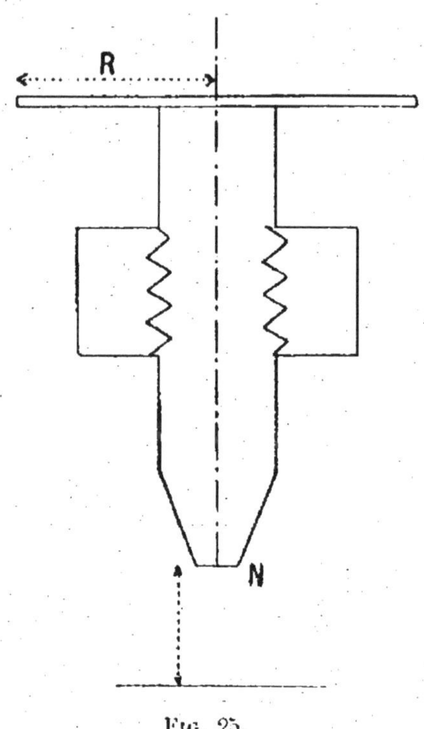

FIG. 25.

fait tourner de une demi-division la vis avancera de $\frac{1}{2000}$ de millimètre.

On conçoit qu'on puisse obtenir ainsi des mesures très précises.

Le compas palmaire (fig. 26) se compose d'une vis micrométrique tournant dans un écrou fixe. La tête de la vis dont nous donnons le détail (fig. 27) se meut devant une partie fixée à l'écrou et portant une graduation en millimètres par exemple. La partie en

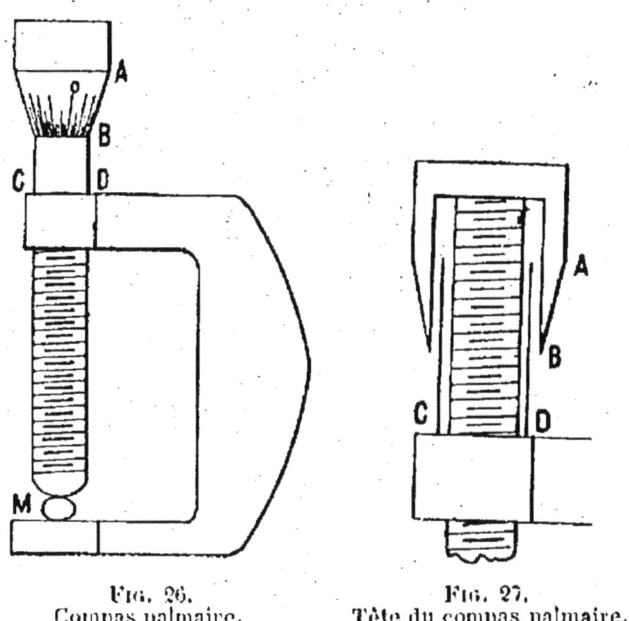

Fig. 26.
Compas palmaire.

Fig. 27.
Tête du compas palmaire.

biseau porte également une graduation en dizièmes ou centièmes de circonférence. Je suppose le pas de 1 millimètre et la tête divisée en dix parties égales. Soit à mesurer le diamètre d'un fil M. On place le fil dans la position indiquée par la figure 26 et l'on serre la vis jusqu'à ce qu'elle affleure le fil. A ce moment je suppose que le point B se trouve entre la 3e et la 4e divisions verticales : l'épaisseur du fil est $3 + x$. Nous regardons la division de la tête en regard de l'échelle verticale. Je suppose que ce soit la division 5. L'épaisseur est 3,5.

Sphéromètre. — C'est un appareil destiné à mesurer le diamètre d'une sphère ou l'épaisseur d'une lame à faces parallèles. Il est formé

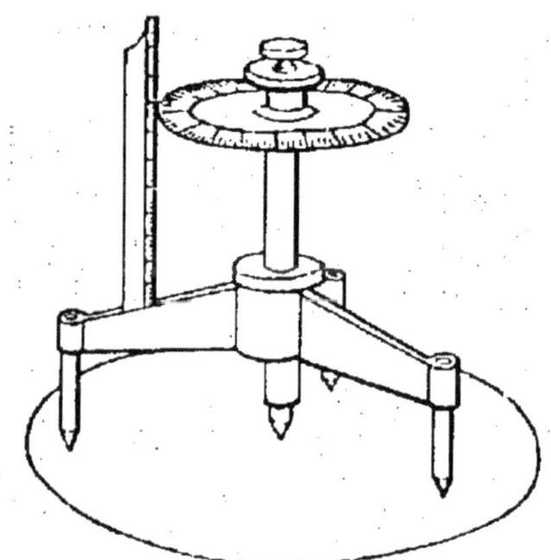

FIG. 28. — Sphéromètre.

d'une vis mobile dans un écrou fixe porté par trois pieds équidistants. La tête de cette vis porte un cercle gradué qui se déplace devant une échelle fixée à l'un des pieds (fig. 28).

Le pas est généralement de 1/2 millimètre et le cercle gradué est divisé en 500 parties égales, de sorte qu'une division correspond à 1/1000 de millimètre. L'appareil est très sensible, il doit reposer sur une plaque de verre parfaitement plane, et dans ces conditions les trois pieds et la pointe m sont dans un même plan, les zéros des deux graduations coïncident. En pratique il n'en est généralement pas ainsi, on est obligé de faire une première lecture pour le plan sur lequel repose l'instrument. On trouve le chiffre 3 par exemple. On place alors l'objet et on détermine de nouveau l'affleurement de la pointe, on lit alors 80.

L'objet a une épaisseur de $80 - 3 = 77$ millièmes de millimètre.

S'agit-il d'un objet fragile, on le place entre deux lames de verre d'épaisseur connue.

Recherche d'un rayon de courbure. — Soit à déterminer le rayon R d'une sphère. On place le sphéromètre sur la surface et l'on détermine ainsi la longueur f de la flèche $\overline{AC}$ (fig. 29). Dans le triangle rectangle A B E on a

$$r^2 = f \times (2R - f). \qquad (1)$$

Or dans le plan B D les trois pieds du sphéromètre déterminent un triangle équilatéral de côté l (fig. 29 *bis*).

$$l = r\sqrt{3}$$

d'où $r^2 = \frac{l^2}{3}$ portons cette valeur dans (1)

$$\frac{l^2}{3} = f \times (2R - f) = 2Rf - f^2$$

$$R = \frac{\frac{l^2}{3} + f^2}{2f} = \frac{l^2 + 3f^2}{6f}.$$

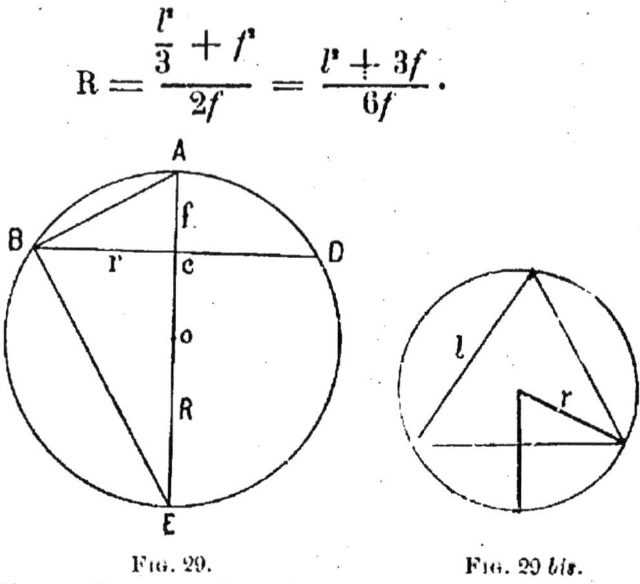

Fig. 29.
Mesure d'un rayon de courbure.

Fig. 29 *bis*.
Plan BD.

La longueur l est donnée avec l'instrument, la mesure donne f; on en déduit R.

Cathétomètre. — C'est un appareil destiné à mesurer la distance verticale entre deux points qui ne sont pas sur une même verticale.

Il se compose essentiellement d'une tige graduée supportée par un trépied à vis calantes permettant de la rendre rigoureusement verticale. Cette tige graduée est mobile autour d'un axe vertical et porte une ou deux lunettes qu'un dispositif rend parfaitement perpendiculaires à la règle (fig. 30).

Chaque lunette porte à l'intérieur un *réticule* c'est-à-dire un système de deux fils très fins disposés en croix, ce qui permet de fixer un point. On fixe la lunette de façon que l'image d'un des points coïncide avec l'entre-croisement des fils du réticule. On note alors la position de la lunette sur la règle au moyen d'un vernier. Alors on déplace la lunette, en faisant tourner l'axe si cela est nécessaire, et l'on fixe le deuxième point, on note la nouvelle position de la lunette, la différence entre les deux lectures donne la distance verticale des deux points.

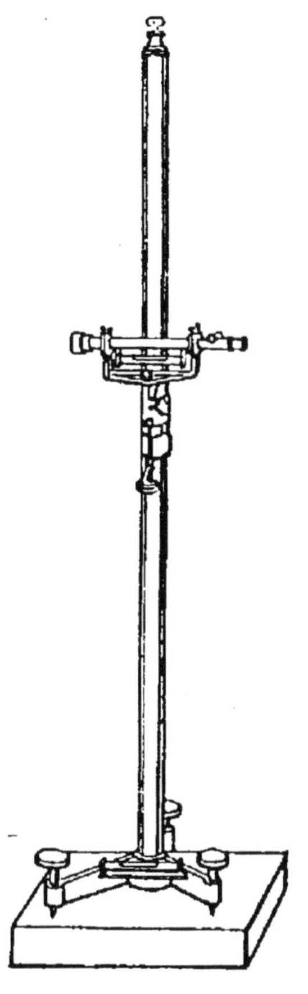

Fig. 30.
Cathétomètre.

Réglage du cathétomètre. — On conçoit qu'une lecture faite à distance peut présenter de grands avantages, mais toute erreur commise dans la direction des lunettes est multipliée par cette distance.

Il en résulte que l'opération importante est le réglage de l'instrument, réglage qui doit être très méthodique.

1° Faire coïncider l'axe optique et l'axe géométrique de la lunette.

2° Placer le niveau parallèlement à l'axe de la lunette.

3° Disposer la lunette perpendiculairement à l'axe.

4° Disposer l'axe verticalement.

On appelle axe géométrique de la lunette l'axe commun des deux portions de cylindre par l'intermédiaire desquelles la lunette repose sur les colliers (fig. 31).

On appelle axe optique, la ligne qui joint le point de croisement des fils du réticule de l'oculaire au centre de l'objectif. Pour vérifier la première condition on vise un point formé par l'entrecroisement de deux fils, puis on fait tourner la lunette de 180 degrés sur ses colliers. On doit retrouver l'image du point fixé, sans déplacement. Si l'on observe un déplacement, il faut agir sur l'un des fils du réticule pour ramener par tâtonnements la coïncidence.

Pour la seconde condition on remarque que le niveau étant fixé à la lunette, s'il marque l'horizontalité, il doit la conserver quelle que soit la position de la lunette. On retourne la lunette bout pour bout et l'on observe le niveau. Si celui-ci n'était pas parallèle à la lunette, s'il faisait avec elle un angle α, la bulle d'air doit accuser maintenant un angle

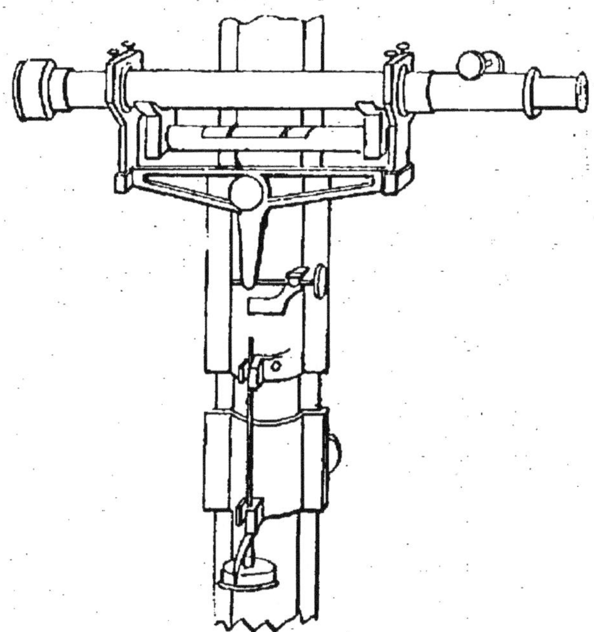

Fig. 31. — Lunette du cathétomètre.

2α. Il faut donc corriger de moitié la déviation du niveau.

Pour la troisième condition je suppose que la lunette n'est pas perpendiculaire à l'axe ; soit ll' sa direction avec le niveau parallèle $a\,b$. (fig. 32). Je fais tourner le tout de 180 degrés autour de l'axe vertical. L'angle dont s'est incliné le niveau est l'angle 2 α. Il faut donc corriger la position de la lunette d'un angle α au moyen de la vis de la fourchette.

Enfin, pour placer le pied vertical on dis-

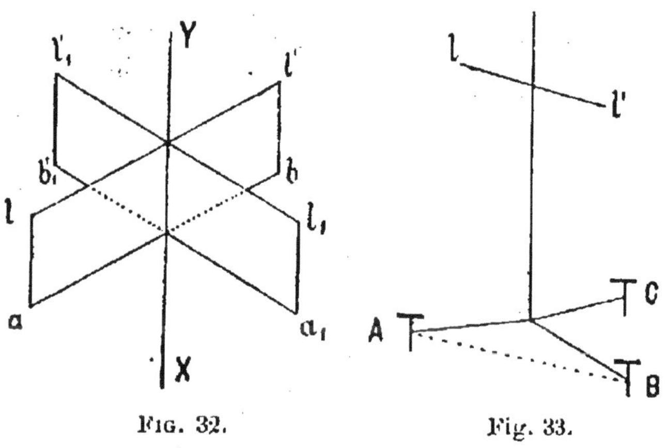

Fig. 32. Fig. 33.

pose la lunette parallèlement à AB (fig. 33) et nous agissons sur A de façon à amener la bulle entre ses repères. Ensuite on fait tourner la lunette et le niveau dans la direction perpendiculaire et on agit sur la vis C de façon à ramener la bulle entre ses repères. Alors l'axe est vertical.

Quantités et unités dérivées mécaniques. — *Vitesse.* — Nous avons défini la vitesse d'un mobile animé d'un mouvement uniforme, le rapport de l'espace parcouru au temps employé à le parcourir.

$$V = \frac{L}{T}.$$

L'unité C. G. S. de vitesse est le *centimètre par seconde.*

Vitesse angulaire ω. — Si nous considérons un point tournant autour d'un axe, et situé à une distance r de cet axe, sa vitesse est proportionnelle au rayon r et à un facteur ω que l'on appelle vitesse angulaire.

$$v = \omega r \qquad \text{d'où} \qquad \omega = \frac{v}{r}.$$

Accélération γ. — C'est la quantité dont s'accroît la vitesse dans l'unité de temps (mouvement uniformément varié).

$$\gamma = \frac{v_1 - v_0}{t}.$$

L'unité C. G. S. d'accélération est le *centimètre par seconde, par seconde.*

La pesanteur à Paris communique aux corps qui tombent une accélération de 981 centimètres par seconde, on la désigne par la lettre g.

$$g = 981 \text{ cm } p.\ s.\ p.\ s.$$

Force. Dyne. — Nous avons défini la force en fonction de la masse et de l'accélération

$$F = M\gamma.$$

L'unité de force est le produit de l'unité de masse par l'unité d'accélération. L'unité C. G. S. de force est la force qui communiquerait à la masse du gramme une accélération de 1 centimètre.

Le poids de la masse d'un gramme est

$$F = Mg. \qquad g = 981 \text{ cm}$$

Le poids d'un gramme vaut donc 981 dynes à Paris.

Pression. — La pression exercée par une force F sur une surface S est le rapport de la force, à la surface sur laquelle elle s'exerce

$$P = \frac{F}{S}.$$

L'unité C. G. S. de pression est la dyne par centimètre carré.

L'atmosphère, unité pratique de pression, est la pression exercée par une colonne de mercure de 76 centimètres de hauteur, elle équivaut à une pression de 1,033 kilogrammes par centimètre carré.

L'unité industrielle de pression est le kilogramme par centimètre carré.

Travail. Erg. — Le travail d'une force agissant dans sa direction est le produit de cette force par le chemin parcouru par son point d'application.

$$W = F \times L.$$

L'unité C. G. S. de travail est le travail produit par une dyne sur une distance de 1 centimètre. On la nomme l'*erg* et l'on utilise le plus souvent la *megerg* qui vaut 1 million d'ergs.

L'unité pratique de travail est le kilogrammètre.

Le gramme valant 981 dynes, le kilogrammètre vaut 981 × 1000 × 100 = 98.100.000 ergs ou 98,1 megergs.

Puissance. — Une machine qui produit un certain travail W sera d'autant plus puissante qu'elle l'effectuera dans un temps moins long. La puissance de cette machine est le rapport du travail produit au temps employé à le produire.

$$P = \frac{W}{T}.$$

L'unité C. G. S. serait l'erg par seconde, valeur trop petite pour être utilisée.

L'unité pratique est le kilogrammètre par seconde.

L'unité industrielle est le *cheval-vapeur* qui vaut 75 kilogrammètres par seconde.

CHAPITRE IV

PESANTEUR

L'*attraction*, c'est-à-dire le fait qu'un point matériel ne peut exister isolé dans l'espace, mais est lié à tous les autres points matériels par un système de forces, l'attraction est *universelle*. Elle s'exerce entre les astres, on la nomme alors *gravitation* ; elle existe entre les molécules infiniment petites, c'est l'*attraction moléculaire* dont la *capillarité* est un chapitre.

Képler le premier admit la réciprocité de l'attraction entre le soleil et les planètes. Ce fut *Newton* qui formula la loi connue sous le nom de loi de Képler : « Tous les corps s'attirent entre eux en raison directe du produit de leurs masses et en raison inverse du carré de leur distance. »

Cavendish a donné de cette loi une démonstration expérimentale par l'observation du mouvement d'une petite boule de cuivre suspendue à une courte distance d'une grosse boule de plomb. On réserve le nom de pesanteur à l'étude de l'attraction de la Terre sur les corps solides placés à sa surface.

La pesanteur est donc la force en vertu de laquelle un corps abandonné à lui-même tombe sur la Terre.

Cette force se définira par sa grandeur, sa direction, son point d'application.

Grandeur. — La grandeur absolue de la pesanteur est donnée par la loi de Képler.

$$P = \frac{MM'}{d^2}.$$

Direction. — On démontre mathématiquement que lorsque les molécules d'une sphère exercent sur un point une force d'attraction, la résultante de toutes ces attractions est la même que si toute la masse de la sphère était concentrée à son centre.

Il en résulte que la direction de la pesanteur est la ligne qui joint le corps pesant au centre de la terre, c'est la direction du *rayon terrestre*. On la désigne sous le nom de *verticale*.

Inversement si l'on veut connaître la direction de la verticale il suffit d'abandonner un corps à la pesanteur.

C'est le principe du fil à plomb. Il va sans

dire qu'un tel appareil ne sera exact qu'autant qu'il ne sera soumis à aucune autre force non verticale. C'est ainsi qu'on a observé qu'un fil à plomb dressé sur le flanc du mont Chimborazo faisait un angle avec la verticale au point considéré, par suite de l'attraction que produisait sur lui la montagne.

La direction perpendiculaire à la verticale est dite *horizontale*.

Point d'application. — Il résulte de ce qui précède que les molécules du corps pesant sont soumises à des forces dont la direction est celle du rayon terrestre.

Etant donné que ce rayon est égal à 6,367,000 mètres à la latitude de 45 degrés, on peut dire que ces forces élémentaires sont parallèles; elles ont donc une résultante qui leur est parallèle et égale à leur somme. C'est cette résultante qui est la grandeur mesurable, on l'appelle le *poids des corps*.

Le point d'application de cette résultante est le *centre de gravité* du corps.

Détermination du centre de gravité d'un corps. — Si le corps que l'on considère est *homogène*, toutes les forces élémentaires appliquées aux molécules sont sensiblement égales. Le centre de gravité est alors le centre de figure du corps, et le problème devient un problème de géométrie.

Le centre de gravité est un point fictif qui peut être extérieur au corps ; c'est ainsi que le centre de gravité d'un tore fait d'une substance homogène se trouve à son centre de figure lequel est extérieur au corps.

Si le corps n'est pas homogène, le problème se complique, la géométrie est insuffisante, il faut avoir recours à une *détermination expérimentale*.

Si nous suspendons un corps pesant par un de ses points, il est évident que le centre de gravité doit se trouver, dans l'état d'équilibre, sur la verticale qui passe par le point de suspension. En effet, s'il n'en était pas ainsi, nous pourrions décomposer la pesanteur en deux composantes dont l'une serait dans la direction du point de suspension, et produirait la tension du fil suspenseur et dont l'autre aurait une direction déterminée qui solliciterait le corps dans cette direction. L'équilibre serait rompu.

Le centre de gravité est donc dans le prolongement de la verticale du point de suspension.

Si nous faisons deux déterminations en suspendant le corps en deux points différents, nous obtenons deux lignes qui se coupent en un point qui est précisément le centre de gravité cherché.

Équilibre des corps pesants. — Un corps pesant est maintenu en équilibre par un soutien rigide qui résiste à la pesanteur.

Le corps pesant repose sur son soutien par un ou plusieurs points, c'est ce qu'on appelle sa base de sustentation ou polygone de sustentation. Pour qu'un corps soit en équilibre sur un plan, il est nécessaire que la verticale qui passe par son centre de gravité tombe dans le polygone de sustentation.

On dit que l'équilibre est *stable* lorsque le corps écarté d'une petite quantité de sa position d'équilibre tend à y revenir.

L'équilibre est *instable* lorsque le moindre déplacement rompra cet équilibre.

L'équilibre est *indifférent* lorsque, quelle que soit la position du corps, la verticale du centre de gravité tombe toujours sur la base de sustentation. C'est le cas d'une roue reposant sur son axe ou d'une sphère homogène posée sur un plan.

Action de la pesanteur. — La pesanteur étant une force constante s'appliquant à une masse, lui communique un mouvement uniformément accéléré. Soit g l'accélération,

La loi du mouvement est

$$P = Mg.$$

Nous avons défini la vitesse d'un mouvement uniformément accéléré suivant l'équation :

$$v = v_0 + \gamma t.$$

La vitesse initiale v_0 étant nulle.

$$v' = \gamma t.$$

L'espace parcouru $e = v't$.

$$e = \gamma t^2.$$

L'espace parcouru est donc proportionnel à une quantité constante et au carré du temps.

Remarquons que $g = 2\gamma$ et par conséquent.

$$e = \frac{1}{2} g t^2.$$

Lois de la chute des corps. — 1° L'espace parcouru e par un corps qui tombe est indépendant de la masse de ce corps.

On le démontre expérimentalement au moyen d'un appareil dû à Newton et connu sous le nom de *tube de Newton*.

Il se compose d'un grand cylindre de verre de 2 mètres de longueur terminé à une extrémité par une tubulure par laquelle on peut faire le vide. Si nous y introduisons en même temps des corps légers et des corps de masse spécifique considérable, comme des grains de plomb, par exemple, nous observerons que lorsque le vide est fait, des grains de plomb et des barbes de plume arrivent en même temps à l'extrémité postérieure du tube. L'espace qu'ils ont parcouru est donc bien indépendant de leur masse.

2° *Loi des espaces.* — Les espaces parcourus par un corps qui tombe sont proportionnels au carré des temps employés à les parcourir.

3° *Loi des vitesses.* — Les vitesses acquises par un corps qui tombe sont proportionnelles au temps écoulé depuis le commencement de la chute.

Ces énoncés ont l'avantage de supprimer le langage algébrique.

Vérification expérimentale des lois de la chute des corps. — La vérification expérimentale des lois de la chute des corps a été faite soit en réduisant la vitesse de chute dans des proportions connues : plan incliné, machine d'Atwood, soit en obligeant le mobile à inscrire son mouvement, comme dans l'appareil du général Morin.

Plan incliné de Galilée. — Considérons un corps placé sur un plan incliné BA. Soit G son centre de gravité (fig. 34).

En ce point G est appliquée la résultante P des forces de la pesanteur.

Décomposons cette force en deux autres

F et F′ dont l'une F′ sera perpendiculaire à AB et l'autre F sera parallèle à AB.

La force F′ aura pour effet d'appliquer le corps contre la surface du plan. La force F provoquera la chute, mais une chute réduite du corps dans la direction BA.

Nous pouvons évaluer F.

Les triangles BAC et HGD sont semblables

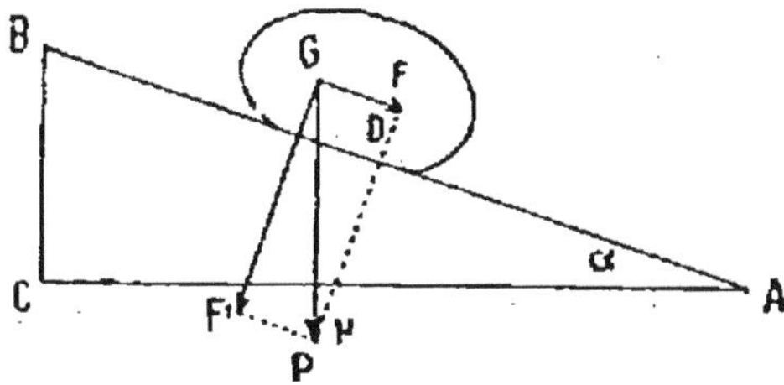

FIG. 34. — Plan incliné de Galilée.

comme ayant leurs angles égaux chacun à chacun. Les côtés homologues sont proportionnels.

$$\frac{F}{P} = \frac{BC}{AB} = \sin \alpha.$$

Le sinus de l'angle α décroît avec α, on réduira donc la vitesse de chute à volonté.

Machine d'Atwood. — Elle est constituée essentiellement par une poulie extrêmement mobile, sur la gorge de laquelle se trouve un fil très fin aux deux extrémités duquel sont suspendus deux poids égaux P qui se font parfaitement équilibre. Une *masse additionnelle* p placée sur l'un des poids P provoque une chute réduite que l'on observe, dans le temps, au moyen d'un chronomètre et d'une échelle graduée le long de laquelle se meut le système.

La force p agit sur une masse $2M + m$ et lui communique une accélération γ. Cette même force p, si elle agissait sur la masse m toute seule, lui communiquerait l'accélération g de la pesanteur.

$$p = M_1\gamma \quad p = M_1'g \quad M_1\gamma = M'_1 g.$$

$$\frac{\gamma}{g} = \frac{M'_1}{M_1} \quad \frac{\gamma}{g} = \frac{m}{2M + m}.$$

Introduisons les forces dans cette équation.

$$m = \frac{p}{g} \; M = \frac{P}{g}.$$

$$\frac{\gamma}{g} = \frac{\frac{p}{g}}{2\frac{P}{g} + \frac{p}{g}} = \frac{p}{2P + p}$$

D'où

$$\gamma = g\frac{p}{2P + p}.$$

La nouvelle accélération γ est donc une

fraction de g. L'accélération ainsi réduite, nous pourrons vérifier la loi des espaces et la loi des vitesses.

La loi des espaces se vérifie en provoquant la chute du mobile au commencement d'une seconde du chronomètre, au moyen d'un déclanchement, et en recevant le mobile à la fin d'une, de deux, de trois, etc... secondes sur un curseur plein A. On mesure les espaces parcourus par la position du curseur sur la règle graduée.

La vitesse acquise au bout d'un temps donné se mesure en plaçant à l'endroit où doit arriver le mobile au bout de ce temps, un *curseur annulaire* qui arrête la masse additionnelle au pas-

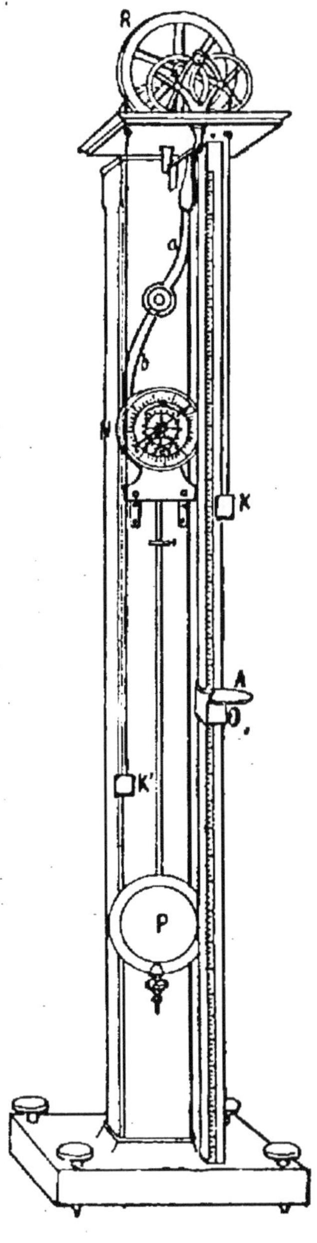

FIG. 35. — Machine d'Atwood.

sage. La longueur que parcourt encore le mobile mesure précisément la vitesse acquise par le système.

Appareil du général Morin. — L'appareil du général Morin se compose d'un grand cylindre enregistreur, vertical, de 2 mètres de hauteur et tournant autour de son axe d'un mouvement uniforme. Un corps pesant, de forme cylindro-conique pour réduire autant que possible la résistance de l'air, peut tomber verticalement le long des génératrices du cylindre, en face duquel il est maintenu par deux fils de fer verticaux passant par deux oreilles qu'il porte de chaque côté. Un crochet de déclanchement placé à la partie supérieure retient le poids et permet de le lâcher à un instant déterminé. Enfin, un crayon soudé au mobile trace sur le cylindre le mouvement de celui-ci.

Dans sa chute, le mobile trace une courbe telle que celle de la figure 37 lorsque la feuille de papier qui recouvre le cylindre a été développée. Le point de départ du mobile étant en M et le cylindre tournant d'un mouvement uniforme, au bout de l'unité de temps, la génératrice 1 se trouvait en face du mobile, celui-ci était au point A, il avait donc parcouru la distance verticale MA_1. De même, au bout de deux secondes, le mobile a rencontré la génératrice 2 au point B, et l'espace qu'il a

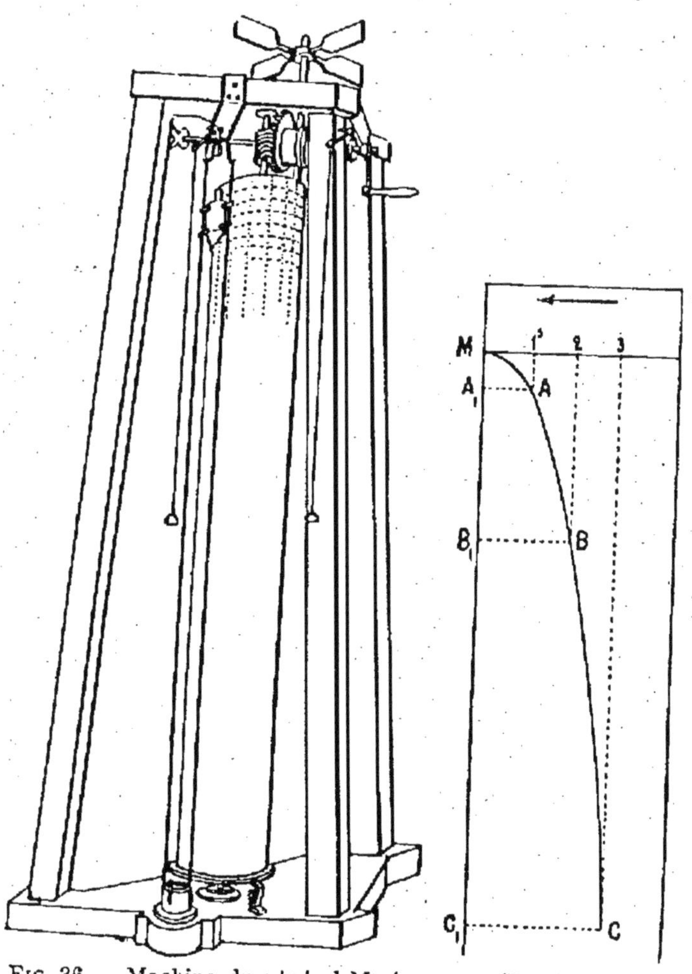

Fig. 36. — Machine du général Morin. Fig. 37.

parcouru est MB_1, etc... on vérifie ainsi la loi des espaces.

Formules relatives à la chute des corps. — La loi des vitesses et la loi des espaces s'expriment algébriquement par les deux formules

$$v = gt$$

$$e = \frac{1}{2} gt^2.$$

On en tire des conséquences remarquables :

Si dans ces formules nous faisons $t = 1$, nous avons :

$$v_1 = g$$

et $$e_1 = \frac{1}{2} g, \text{ d'où } g = v_1 = 2e.$$

La vitesse acquise par un mobile au bout de l'unité de temps est double de l'espace parcouru dans le même temps. On peut se proposer d'exprimer la vitesse acquise au bout d'un temps quelconque en fonction de l'espace parcouru.

Nous avons de $v = gt$ $\quad t = \frac{v}{g}, \quad t^2 = \frac{v^2}{g^2},$

d'où

$$e = \frac{1}{2} g \frac{v^2}{g^2} = \frac{1}{2} \frac{v^2}{g} = \frac{v^2}{2g}.$$

On en tire $v^2 = 2ge$, d'où $v = \sqrt{2ge}.$

La vitesse d'un corps qui tombe est donc

proportionnelle à la racine carrée de la hauteur de chute.

Mesure de l'intensité de la pesanteur. — L'intensité de la pesanteur c'est l'action de cette force sur l'unité de masse. Nous avons $P = Mg$.

Si nous faisons $M = 1$, nous aurons $P = g$.

On effectuera la mesure de g au moyen de la machine d'Atwood ou de celle du général Morin.

Dans la première $g = \gamma \frac{2P + p}{p}$ l'opération consiste dans la mesure de l'accélération γ.

Dans la seconde on tire g de la formule

$$e = \frac{1}{2} gt^2.$$

Ces deux méthodes ne sont ni assez exactes ni assez sensibles. Un grand nombre de causes d'erreurs viennent troubler l'approximation. Aussi, la mesure de g s'effectue-t-elle avec un autre instrument que l'on appelle le *pendule*.

Pendule. — On appelle *pendule simple* le système irréalisable constitué par un point matériel pesant suspendu à un fil inextensible et sans masse.

Cette conception géométrique idéale est remplacée dans la pratique par un corps pesant fixé à l'extrémité d'un fil fin suspendu par un couteau d'acier reposant sur un plan d'agate. C'est ce qu'on appelle le *pendule composé*.

Mouvement pendulaire. — Supposons un

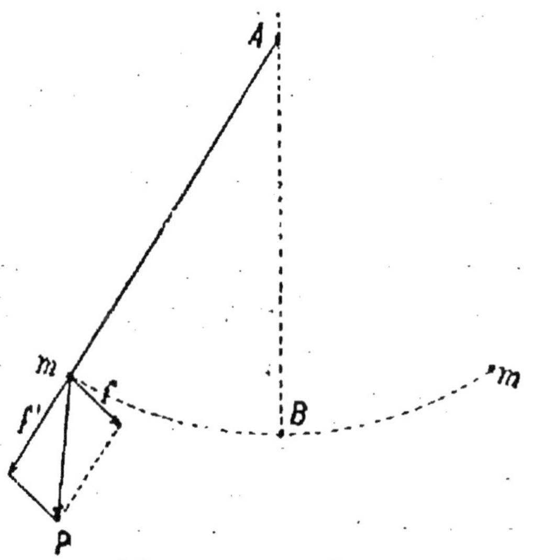

FIG. 38. — Théorie du pendule.

pendule de masse m suspendu au point fixe A, il est facile de voir que sa position d'équilibre est la verticale AB.

Écartons-le de sa position d'équilibre et amenons-le en m, par exemple (fig. 38). Lorsque nous le livrerons à lui-même, il va se trouver sous l'influence de la pesanteur P dirigée verticalement. Décomposons cette force P en deux composantes f et f' dont l'une f' dans la direction mA et l'autre f dans la direction perpendiculaire.

La force f' aura pour effet de tendre le fil : quand à la force f elle entraînera le mobile de m vers B, mais arrivée au point B la masse m, en vertu de sa vitesse acquise va dépasser le point B jusqu'à ce que la pesanteur vienne annuler cette vitesse. A ce moment, le pendule sera en m'. Le passage de m à m' s'appelle *oscillation* du pendule et l'angle mAm' est l'amplitude de cette oscillation.

Le mouvement continuerait indéfiniment de m à m' sans la résistance du milieu et le frottement au point de suspension.

Lois du mouvement pendulaire. — Les lois du mouvement pendulaire peuvent se résumer dans une formule algébrique.

$$t = \pi \sqrt{\frac{l}{g}}$$

en appelant t la durée d'une oscillation,
l la longueur du pendule,
g l'accélération de la pesanteur,
π le rapport de la circonférence au diamètre.

Cette loi n'est rigoureuse que pour de petites oscillations dont l'amplitude est inférieure à 10 degrés.

On peut développer cette formule en un certain nombre de lois dont chacune reçoit une démonstration expérimentale.

1° Les petites oscillations d'un même pendule sont *isochrones*, c'est-à-dire que quelle que soit leur amplitude, la durée de chaque oscillation est constante.

2° *Lois des longueurs*. La durée de l'oscillation est proportionnelle à la racine carrée de la longueur du *pendule*.

$$t = \pi \sqrt{\frac{l}{g}}, \quad t' = \pi \sqrt{\frac{l'}{g}}.$$

$$\frac{t}{t'} = \frac{\sqrt{l}}{\sqrt{l'}}.$$

3° La durée de l'oscillation est inversement proportionnelle à la racine carrée de l'intensité de la pesanteur au lieu où se meut le pendule.

4° Le pendule se meut toujours dans un même plan.

Longueur du pendule composé. — La formule du pendule est établie en partant d'un pendule simple théorique.

Pour faire des mesures pendulaires au moyen d'un pendule composé, il faut définir la longueur de celui-ci.

Il faut pour cela déterminer la position du

centre de gravité de la masse pesante et mesurer avec exactitude la distance qui sépare ce point de l'arête du couteau de suspension.

Usages du pendule. — L'isochronisme des battements du pendule en fait l'instrument le plus généralement employé pour régulariser les mouvements. C'est lui qui règle le mouvement des chronomètres, soit par l'échappement à ancre de Huygens (1657), soit par l'échappement à ressort spiral (1665), soit dans le métronome de Haenzel.

Foucault, dans des expériences célèbres, s'est servi de la propriété du pendule de battre toujours dans le même plan, pour démontrer la rotation de la terre.

Enfin, il sert à la mesure de g.

Détermination de l'intensité de la pesanteur par le pendule. — Huygens puis Borda en 1792 se sont attachés à la mesure de g au moyen du pendule.

On tire en effet de la formule.

$$t = \pi \sqrt{\frac{l}{g}}$$

$$g = \frac{\pi^2 l}{t^2}.$$

Il suffit donc, connaissant la longueur d'un

pendule composé, de déterminer avec exactitude le temps d'une oscillation.

Lorsqu'on détermine g avec précision par cette méthode, on constate que les chiffres varient avec le lieu. La Terre, en effet, n'est pas sphérique et par conséquent la distance du corps pesant au centre de la terre est variable.

La valeur de l'intensité de la pesanteur variera donc avec l'*altitude* du lieu et avec sa *latitude* en raison et de l'aplatissement au pôle et de la décroissance de la *force centrifuge* de l'équateur au pôle.

A Paris, à la latitude de 45 degrés et à l'altitude zéro nous avons :

$$g = 9^{m},8094$$

$$G\, c.g.s. = 981 \text{ centimètres.}$$

La détermination exacte de l'intensité de la pesanteur avait une grosse importance, car ce facteur se rencontre souvent en physique.

CHAPITRE V

HYDROSTATIQUE

L'*hydrostatique* s'occupe de l'équilibre des liquides, et des pressions qu'ils exercent sur les points de leur propre masse ou sur les parois des vases qui les contiennent.

La science qui s'appliquerait aux mouvements des liquides serait l'*hydrodynamique*, mais on n'a pu encore élucider les lois du mouvement des liquides, on n'a que des données empiriques dont l'ensemble forme l'*hydraulique*.

Caractères des liquides. — Les liquides se caractérisent par leur faible cohésion qui leur donne une grande mobilité. Ils ont une élasticité parfaite c'est-à-dire qu'écartés de leur position d'équilibre ils tendent rapidement à y revenir.

Compressibilité des liquides. — Longtemps on a cru les liquides incompressibles, ils ont cependant une faible compressibilité que l'on démontre au moyen du *piézomètre d'Œrsted* (fig. 39).

Cet appareil se compose d'un récipient de verre ayant la forme d'un thermomètre ouvert, dont la tige est graduée d'avance en parties d'égal volume. Dans ce récipient on introduit le liquide à expérimenter jusqu'à un trait N et on limite le volume au moyen d'un index de mercure.

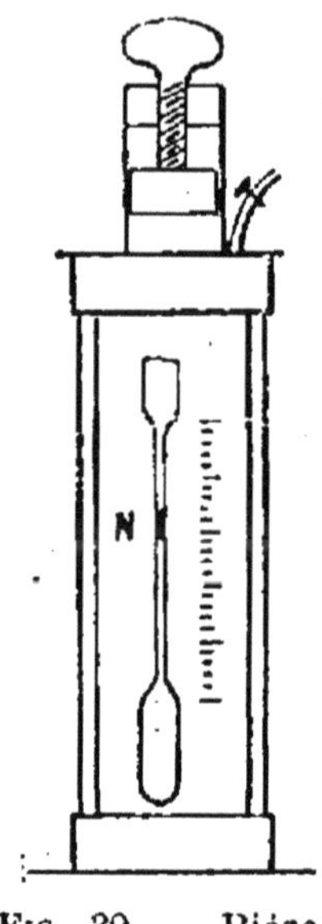

Fig. 39. — Piézomètre d'Œrsted.

On dispose le tout dans une éprouvette en verre très solide montée sur un pied métallique et mastiquée à la partie supérieure dans une tubulure métallique dans laquelle se meut un piston plongeur. L'éprouvette étant pleine d'eau on exerce à sa surface une compression énergique, on voit l'index de mercure s'abaisser dans la tige graduée, ce qui indique le changement de volume.

On appelle coefficient de compressibilité d'un liquide la quantité dont diminue l'unité de volume pour un accroissement de pression de 1 atmosphère.

Eau à 0° coefficient de compressibilité	0.0000503
Ether.	0.000111
Alcool	0.0000828
Mercure	0.00000295

Le coefficient de compressibité croit avec la température.

Quoi qu'il en soit, il est toujours assez faible pour être négligé dans la plupart des cas.

Principe de Pascal. — L'hydrostatique repose sur le principe fondamental de Pascal : Si l'on suppose les liquides incompressibles et dépourvus de poids, si l'on exerce une pression en un point quelconque de la surface d'un liquide en équilibre, cette pression se transmet normalement dans toutes les directions avec une intensité proportionnelle à la surface pressée.

C'est le principe de l'*égalité de pression* :

$$\frac{p}{s}=\frac{P}{S}$$

On donne facilement des démonstrations expérimentales de l'égalité de pression (presse hydraulique).

La pression de transmet normalement à la surface pressée car si elle n'était pas normale on pourrait la décomposer en deux forces dont l'une normale et l'autre parallèle à l'élément de surface considéré. Cette deuxième force aurait pour effet de transporter l'élément, c'est-à-dire de rompre l'équilibre ce qui serait contraire à l'hypothèse.

Conditions d'équilibre d'un filet liquide. — Considérons au sein d'un liquide un cylindre de section très petite et terminé par des faces planes. Nous supposerons ce filet liquide isolé de la masse qui l'entoure. Cherchons ses conditions d'équilibre (fig. 40).

Nous avons vu en statique que lorsque plusieurs forces se font équilibre, la somme géométrique de leurs projections sur un même axe est nulle.

Notre filet est soumis à deux genres de forces : les forces hydrostatiques normales à la surface et la pesanteur π appliquée au centre de gravité.

Soit p la pression par unité de surface sur la base s. Prenons l'axe XY du cylindre comme axe de projection. La force en s a pour valeur ps et la projection sur XY est :

$$ps \cos \alpha.$$

Or :

$s \cos \alpha$ c'est la section droite du cylindre.

Je désigne :

$s \cos \alpha$ par ω.

Nous aurons de même sur l'autre face.

$$p's' \cos \alpha' \qquad \cos \alpha' = -\cos \alpha''$$

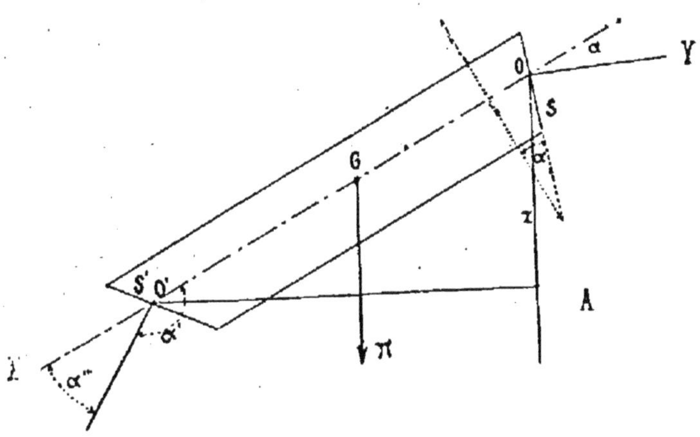

Fig. 40. — Equilibre d'un filet liquide.

et $s' \cos \alpha'' = \omega$ la deuxième projection est donc $-p' \omega$. Les forces normales appliquées sur la surface du cylindre sont perpendiculaires à XY, leur projection est donc nulle. Reste la pesanteur π appliquée au centre de gravité G ; soit d la densité du liquide et l la longueur du filet.

$$\pi = l \omega d$$

sa projection est $l \omega d \cos \gamma$.

Or dans le triangle rectangle OO'A nous avons.

$$z = l \cos \gamma$$

$$\cos \gamma = \frac{z}{l}$$

d'où $l\, \omega\, d \cos \gamma = \omega\, d\, z$.

Nous aurons finalement comme condition d'équilibre :

$$p\, \omega - p'\, \omega + \omega\, d\, z = 0.$$

Ou encore

$$p - p' + zd = 0$$

ou

$$p - p' = zd.$$

C'est l'équation fondamentale de l'hydrostatique : la différence de pression entre deux points quelconques d'un liquide pesant en équilibre, est égale au poids d'un cylindre du liquide ayant pour base l'unité et pour hauteur la distance verticale des deux points.

Corollaire I. — Sur un plan horizontal pris

H H' S S'

Fig. 41.

à l'intérieur d'un liquide en équilibre, la pression est partout constante.

En effet considérons une surface horizontale HH′ et deux éléments de surface S et S′ (fig. 41), soit p la pression sur S et p' la pression sur S′.

Dans l'équation

$$p - p' = zd \quad z = 0 \text{ d'où} \quad p' - p = 0.$$
$$p' = p \qquad (c.q.f.d.)$$

Corollaire II. — La surface libre d'un liquide est plane et horizontale. soit AB la

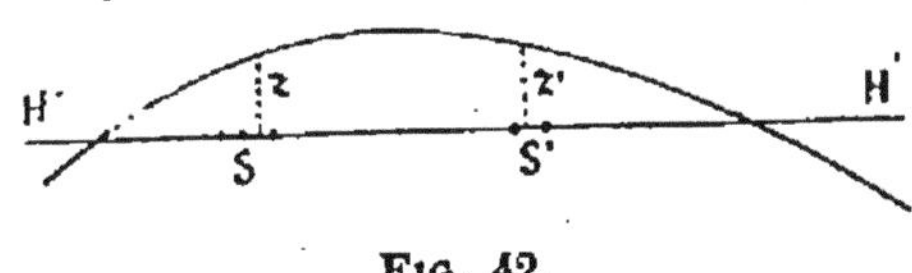

Fig. 42.

surface quelconque du liquide. Menons une tranche de niveau H H′ et considérons dans cette tranche deux éléments de même surface s et s' : ils supportent la même pression (fig. 42).

$$zd = z'd'$$

d'où

$$z = z' \qquad (c.q.f.d.)$$

Corollaire III. — La surface de séparation de deux liquides en équilibre est un plan horizontal.

Soit AB la surface quelconque de séparation des deux liquides (fig. 43). Appelons h la distance de deux tranches de niveau H H′ $H_1 H'_1$: Considérons deux éléments de même surface

s et s' dans la tranche H H' : ils supportent la même pression.

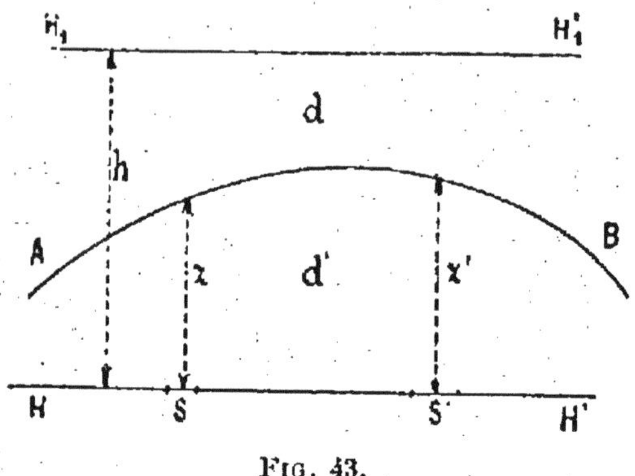

FIG. 43.

$$(h - z)d + zd' = (h - z')d + z'd'$$
$$hd - zd + zd' = hd - z'd + z'd'.$$

D'où

$$z(d' - d) = z'(d' - d).$$

Si $d' - d$ n'est pas nul

$$z = z'. \qquad (c.q.f.d.)$$

Corollaire IV. — La pression sur le fond horizontal d'un vase est égale au poids d'une colonne du liquide ayant pour base la surface du fond du vase et pour hauteur la distance du fond à la surface libre du liquide. (Appareil de Haldat).

Corollaire V. — La pression sur les parois inclinées d'un vase est égale au poids d'une colonne de liquide ayant pour base la surface de la paroi et pour hauteur la distance verticale du centre de gravité de cette paroi à la surface libre du liquide. Soit AB la surface inclinée et HH′ la surface libre (fig. 44). Considérons un élément ω de la surface et appelons z la distance de cet élément à la

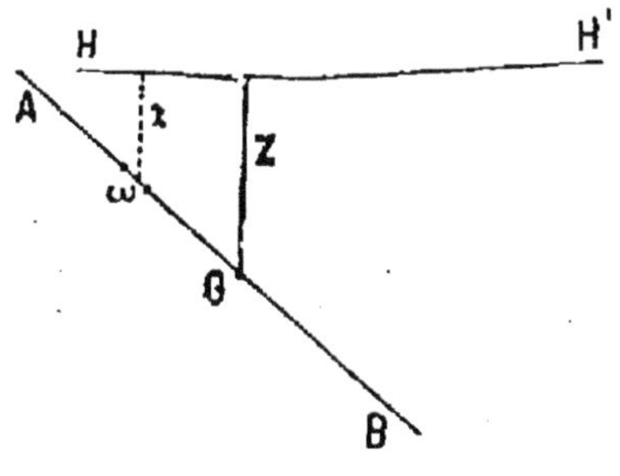

Fig. 44.

surface libre du liquide. La pression sur cet élément est $\omega z d$ et la pression totale est la somme des pressions partielles $P = \Sigma\, \omega z d$.

Dans le produit $\omega z d$ le facteur d reste constant on peut alors écrire

$$P = d\Sigma\, \omega z.$$

Multiplions les deux membres de cette égalité par δ poids de l'unité de surface de la paroi

$$P\delta = d\Sigma\, \omega z \delta \qquad (1)$$

Or $\omega\delta$ c'est le poids de l'élément de surface ω. Nous supposons l'épaisseur constante $= 1$.

Il en résulte que $\omega\delta z$ est le *moment* du poids $\omega\delta$ par rapport à l'axe HH'. Nous avons vu en *statique* que la somme des moments $\omega\delta z$ de composantes est égale au moment de la résultante. Or la résultante des forces de la pesanteur sur toute la surface est $S\delta$ et son moment $S\delta Z$

Nous avons donc

$$\Sigma\, \omega z\, \delta = S\delta Z.$$

Et par conséquent dans l'équation (1)

$$P\delta = dS\delta Z$$

D'où

$$P = dSZ. \qquad (c.q.f.d.)$$

Cette résultante a un point d'application qui reçoit le nom de *centre de pression*. La recherche de la position du centre de pression est un problème de géométrie d'une grosse importance dans la construction des digues.

Corollaire IV. — Les pressions exercées par un liquide sur l'ensemble des parois du vase qui le renferme ont une résultante unique qui est égale au poids total du liquide. (Paradoxe hydrostatique.)

La démonstration rigoureuse de ce théorème, comme conséquence du principe fondamental, est d'un domaine mathématique trop élevé pour que nous puissions l'aborder ici.

Tous les autres problèmes de l'hydrostatique peuvent se résoudre facilement au moyen du principe de l'équilibre du filet liquide et de ses corollaires.

Equilibre d'un liquide dans des vases communiquants. — Il est évident que lorsqu'un même liquide est contenu dans un système de vases communiquants, toutes les surfaces libres de ce liquide sont dans le même plan horizontal.

Il suffit de considérer une tranche horizontale quelconque et deux éléments dans cette tranche. Chacun d'eux recevant la même pression leur distance au niveau est constante, ce qui exige que la surface du liquide soit partout dans le même plan horizontal.

Equilibre de liquides superposés. — Pour les mêmes raisons des liquides qui ne se combinent pas entre eux sont en équilibre :

1° Lorsque chacun d'eux satisfait aux conditions d'un seul liquide.

2° Lorsque les liquides sont superposés par ordre de densités croissantes de haut en bas.

3° Lorsque les surfaces de séparation sont planes et horizontales.

Equilibre de deux liquides hétérogènes dans deux vases communiquants. — Considérons deux liquides hétérogènes l'un de densité *d* l'autre de densité *d'*, en équilibre dans deux vases communiquants.

Considérons leur surface de séparation

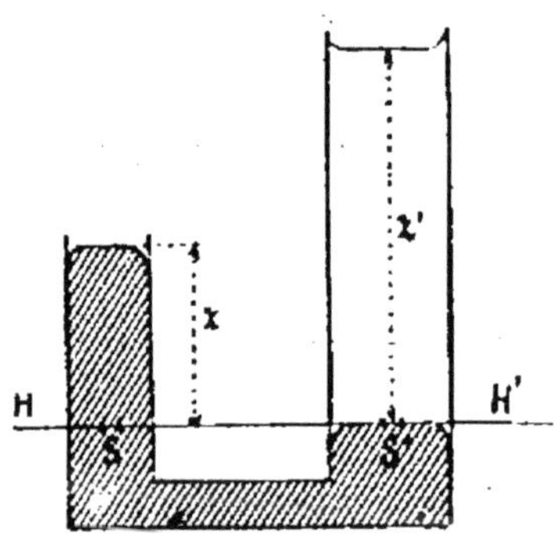

Fig. 45.

HH' (fig. 45), deux éléments *s* et *s'* situés dans cette tranche supportent la même pression.

$$zd = z'd'$$

$$\frac{z}{z'} = \frac{d'}{d}.$$

Les hauteurs sont en raison inverse des densités.

Un tel appareil pourrait servir à la mesure des densités des liquides connaissant l'une d'entre elles.

Principe d'Archimède. — Tout corps plongé dans un liquide éprouve de la part de celui-ci une *poussée*, verticale, dirigée de bas en haut, et égale au poids du volume d'eau déplacé.

Reprenons notre filet liquide (figure 40), il est en équilibre et soumis à deux forces : sa pesanteur d'une part, et d'autre part la résultante des forces qui s'exercent à sa surface.

Ces deux forces s'équilibrent. C'est donc que la résultante des forces hydrostatiques est précisément égale et de signe contraire à π. Supposons par la pensée le filet liquide solidifié, rien n'est changé dans les forces hydrostatiques, le filet solide éprouve une poussée verticale, de bas en haut, égale à π.

Réciproquement tout corps plongé dans un liquide exerce sur celui-ci une pression égale au poids du volume déplacé.

La démonstration expérimentale du principe d'Archimède s'effectue au moyen de la *balance hydrostatique*.

On appelle balance hydrostatique toute balance élevée sur un pied, de telle sorte qu'on puisse suspendre des corps volumineux sous ses plateaux (fig. 46).

On attache sous un des plateaux de la balance un système composé de deux cylindres : un cylindre plein et un cylindre creux dont la capacité est précisément égale au volume du cylindre plein.

Le cylindre creux est placé au-dessus de l'autre.

On fait équilibre dans l'air aux deux cylindres au moyen d'une tare. Ensuite, on plonge le cylindre plein dans un vase plein

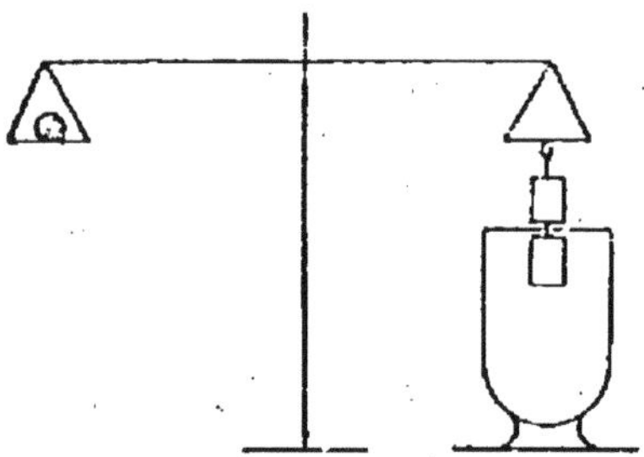

FIG. 46. — Balance hydrostatique.

d'eau et l'on s'aperçoit que l'équilibre est rompu.

Pour le rétablir, il suffit de remplir le cylindre creux avec de l'eau, ce qui démontre le théorème.

Applications des principes de l'hydrostatique. — *Détermination du volume d'un corps par la balance hydrostatique.* — Lorsque le corps n'est ni soluble dans l'eau ni poreux, on peut connaître son volume par la balance hydrostatique.

Il suffit de l'attacher sous l'un des plateaux de cette balance, de l'équilibrer dans l'air, de le plonger dans l'eau et de rétablir l'équilibre avec des poids marqués. Ces poids représentent le poids d'un volume d'eau égal au volume du corps.

Équilibre des corps immergés. — Les corps immergés sont sous l'influence de deux forces : leur pesanteur P et la poussée du liquide : p.

Trois cas :

1° $P > p$. $P - p =$ Constante, le corps soumis à une force constante prend un mouvement uniformément accéléré et tombe dans la direction du centre de la terre.

2° $P = p$. Il y a équilibre, le corps se maintient au sein du liquide dans toutes les positions.

3° $P < p$ $p - P =$ Constante, le corps remonte d'abord à la surface, avec un mouvement uniformément accéléré.

Mais sitôt qu'il a atteint la surface libre p diminue et une partie seulement du corps reste immergée de telle sorte que $P = p$. Le corps est dit *flottant*.

Équilibre des corps flottants. — Le problème de l'équilibre des corps flottants se complique de la nécessité de rendre cet équilibre stable, il faut :

1° Que la condition $P = p$ soit réalisée.

2° Que le centre de gravité du corps et le centre de poussée soient sur une même verticale.

Considérons un navire (fig. 47) son centre de gravité reste constant, c'est le centre de poussée qui varie. Pour que l'équilibre soit stable, il faut que le *métacentre* M soit au-dessus du centre de gravité :

On appelle *métacentre* le point où la verticale du centre de poussée rencontre l'axe du bateau.

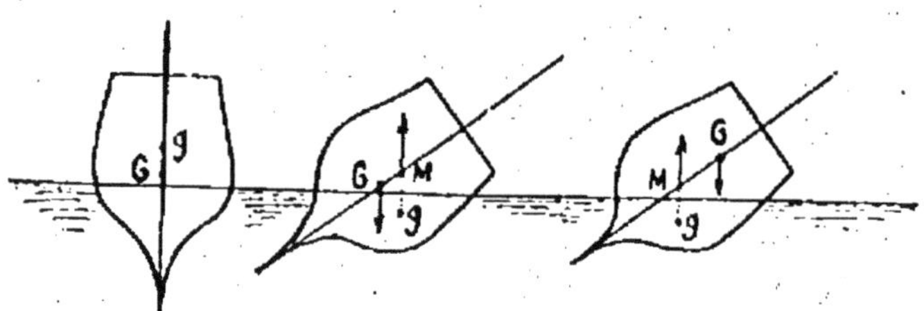

Fig. 47. — Équilibre d'un navire.

En effet, considérons dans la figure 47 diverses positions relatives du centre de gravité et du centre de poussée, en déplaçant la poussée suivant sa direction jusqu'au métacentre, on voit que si celui-ci est au-dessus du centre de gravité, la poussée forme avec la pesanteur un couple qui tend à redresser le navire. Si, au contraire, le métacentre M est au-dessous du centre de gravité, il se forme encore un couple, mais qui tend à renverser le bateau.

La stabilité sera d'autant plus parfaite que

la distance sera plus grande entre le centre de gravité et le métacentre.

Détermination des densités. — On appelle *densité* d'un corps le rapport de sa masse à son volume

$$\Delta = \frac{M}{V}.$$

On appelle *poids spécifique* d'un corps le rapport du poids de ce corps à son volume

$$p = \frac{P}{V}.$$

La masse d'un corps étant

$$\frac{P}{g} \qquad \Delta = \frac{P}{gV} = \frac{p}{g}.$$

D'où

$$p = g\Delta.$$

Il en résulte que la densité est une constante physique du corps, tandis que son poids spécifique varie avec le lieu où il se trouve.

Cependant, dans le système métrique comme dans le système C. G. S., la masse et le poids s'exprimant par le même nombre, les densité et poids spécifiques s'exprimeront aussi par le même nombre.

Pour les solides comme pour les liquides,

la recherche de la densité s'effectue par trois méthodes :

1° Méthode de la balance hydrostatique.

2° Méthode du flacon.

2° Méthode des aréomètres.

Corps solides. Méthode de la balance hydrostatique. — La méthode générale consiste à mesurer d'une part le poids d'un certain volume du corps, d'autre part le poids d'un même volume d'eau et de faire le rapport de ces deux nombres.

On attache le corps par un fil fin au crochet de l'un des plateaux, et on lui fait équilibre avec une tare. On enlève le corps et le remplace par des poids marqués. On obtient le poids P du corps par double pesée.

On enlève les poids marqués et on replace le corps avec la même tare, puis on plonge le corps dans l'eau, on rétablit l'équilibre au moyen de poids marqués, dont la somme p est le poids du volume d'eau déplacé.

$$D = \frac{P}{p}.$$

Si le corps est moins dense que l'eau, on lui adjoint dans la seconde phase un plongeur de volume connu π.

$$D = \frac{P}{p - \pi}.$$

Méthode du flacon. — C'est le procédé le plus précis. La méthode est toujours la même : peser le corps, peser le même volume d'eau.

On emploie un vase de forme spéciale, soit celui de Regnault (fig. 48), soit un flacon

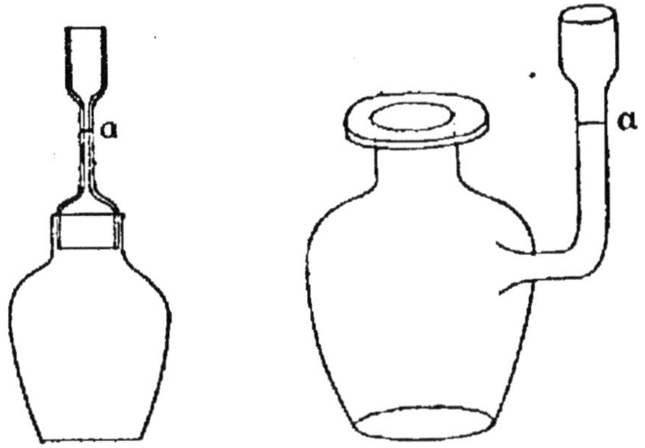

FIG. 48.— Flacon de Regnault. FIG. 49.— Flacon à densités.

plus perfectionné à tubulure (fig. 49) sans bouchon, dont le large goulot est fermé au moyen d'un disque de verre rodé.

Sur la tubulure se trouve un point de repère *a*.

1° On remplit exactement le flacon d'eau bouillie, de façon que l'eau fasse dans le goulot un ménisque convexe.

On coupe ce ménisque avec le disque de verre rodé, ce qui limite exactement le volume. On enlève l'excès d'eau dans la tubulure jusqu'au trait *a* avec du papier Joseph.

On porte le flacon ainsi rempli à 0 sur le plateau d'une balance, à côté de lui, on place le corps. On tare avec un poids plus lourd à gauche et on équilibre à droite.

On a l'équation :

$$(1) \qquad \text{Tare} = \text{Flacon} + \text{Eau} + \text{C} + p.$$

On enlève le corps et on rétablit l'équilibre. On a :

$$(2) \qquad \text{Tare} = \text{Flacon} + \text{Eau} + p'$$

$$\text{C} = p' - p.$$

On ouvre alors le flacon, on y fait pénétrer le corps, qui chasse son volume d'eau. On rétablit le volume au point de repère à 0, on reporte sur la balance.

$$(3) \; \text{Tare} = \text{Flacon} + \text{Eau} - \pi + \text{Corps} + p'' .$$

Égalons les équations (1) et (3). Il vient.

$$p = p'' - \pi$$

$$\pi = p'' - p$$

$$\text{D} = \frac{\text{C}}{\pi}.$$

C'est la méthode la plus parfaite.

Aréomètre de Nicholson. — Les aréomètres en général se composent d'un flotteur dont la stabilité est maintenue très grande, parce que leur centre de gravité est très bas, et leur centre de poussée très élevé.

L'aréomètre de Nicholson est un flotteur cylindrique terminé en bas par un panier contenant du plomb qui l'équilibre, et en haut par une tige très fine, terminée par un plateau et munie d'un point de repère *a* (fig. 50).

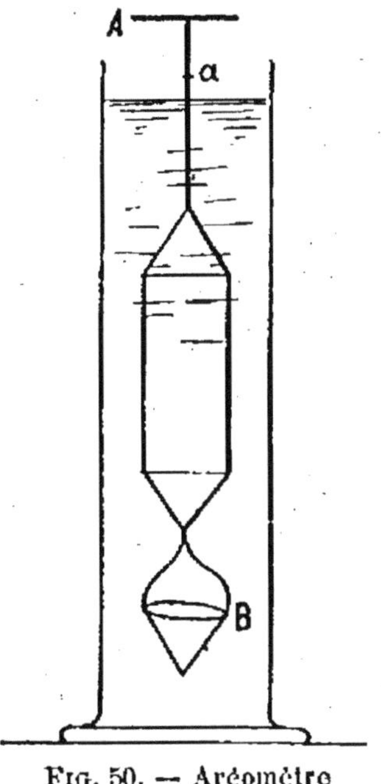

Fig. 50. — Aréomètre de Nicholson.

On place l'aréomètre dans une éprouvette pleine d'eau.

On détermine le poids π qu'il faut placer sur le plateau pour déterminer l'affleurement du point *a*.

On enlève ces poids, on les remplace par le corps et on complète l'affleurement par des poids marqués p.

Le poids du corps $P = \pi - p$.

On place alors le corps en B dans le panier, on détermine de nouveau l'affleurement par des poids p_1.

Le poids de l'eau déplacée P_1 est donné par l'équation

$$p_1 + P - P_1 = \pi,$$
$$P_1 = p_1 + P - \pi.$$
$$D = \frac{P}{P_1}$$

Cas particuliers.

1° On a affaire à un corps soluble ou altérable par l'eau.

On déterminera sa densité par rapport à un autre liquide : l'alcool, par exemple. Connaissant la densité de l'alcool par rapport à l'eau, on en déduira celle du corps.

2° Un corps poreux. Les corps poreux ont un volume apparent plus grand que le volume réel de leur substance.

Si, par exemple, on les recouvre d'une mince couche d'un vernis et qu'on détermine leur densité, on obtiendra un chiffre qui sera la *densité apparente* du corps.

Si, au contraire, on les réduit en poudre, la densité obtenue par la méthode du flacon sera la *densité réelle* du corps, un nombre plus élevé que le précédent.

La différence entre ces deux chiffres peut être très considérable, il est important de spécifier à quelle détermination se rapporte une densité.

Corps liquides. — Balance hydrostatique. — On déterminera la poussée que subit un même flotteur dans le liquide d'abord : P et dans l'eau P'.

$$D = \frac{P}{P'}.$$

Méthode du flacon. — On détermine le poids d'un même volume du liquide et d'eau.

On se sert d'un flacon dont le modèle est dû à Regnault (fig. 51).

On pèse par double pesée le vase seul, le vase plein d'eau, le vase plein de liquide.

Le rapport des poids d'eau et de liquide donne la densité cherchée.

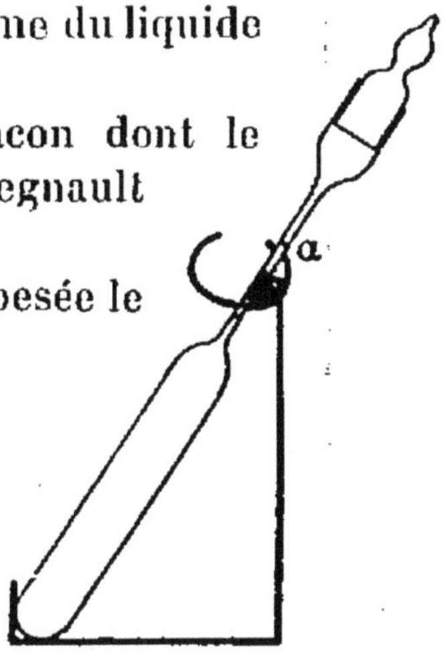

Fig. 51.
Flacon de Regnault.

Aréomètre de Fahrenheit. — L'aréomètre de Fahrenheit est un flotteur de verre équilibré dans le bas par du mercure ou du plomb et terminé en haut par une tige à trait de repère surmontée d'un plateau (fig. 52).

J'appelle Q le poids constant de cet appareil. Je le plonge dans une éprouvette contenant de l'eau et je détermine l'affleurement par un poids p. La poussée dans l'eau étant P

$$P = Q + p.$$

Je le plonge dans le liquide, j'ai

$$p = Q + p_1$$

$$D = \frac{p}{P}$$

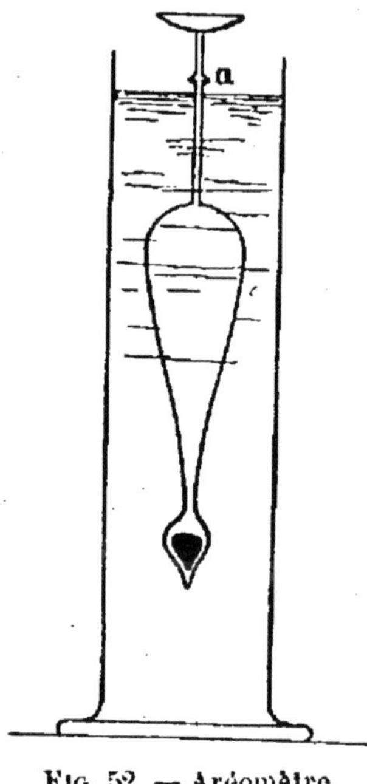

Fig. 52. — Aréomètre de Fahrenheit.

Balance de Mohr. — La balance de Mohr (fig. 53) se compose essentiellement d'un fléau reposant sur un couteau. A l'extrémité de l'un des bras se trouve un contre-poids fixe, à l'autre extrémité est suspendu un plongeur de verre qui contient intérieurement un petit thermomètre. Le système est en équilibre dans l'air.

Chaque bras du fléau est divisé en 10 parties d'égale longueur. On introduit le plongeur dans une éprouvette contenant de l'eau, on rétablit l'équilibre au moyen d'un *cavalier* convenable, que l'on place à l'extrémité du fléau.

Supposons la longueur du bras de fléau divisée en 100 parties égales et soit à déterminer la densité d'un liquide; je suppose

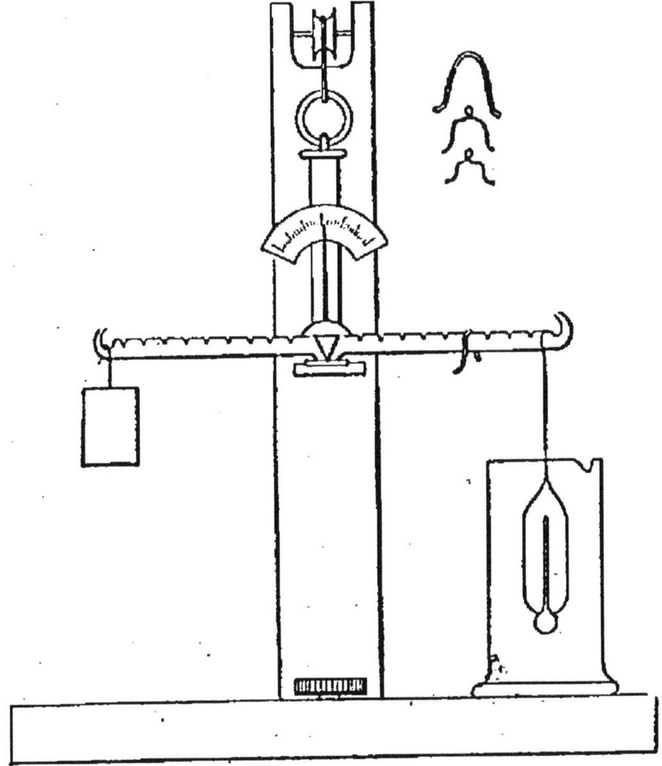

Fig. 53. — Balance de Mohr.

celle-ci 100 fois plus petite que celle de l'eau, la poussée sera 100 fois plus petite, on obtiendra l'équilibre en plaçant le cavalier de tout à l'heure à la division 1 correspondant à un bras de levier 100 fois plus petit.

Si nous avons une densité de $\frac{8}{100}$ nous placerons notre cavalier à la division 8.

Nous n'avons que 10 divisions, mais nous évaluerons le millième si la balance est assez sensible.

Pour cela nous aurons trois cavaliers dont celui qui fait l'équilibre dans l'eau, un second pesant $\frac{1}{10}$ du premier et un troisième pesant $\frac{1}{100}$.

Le premier indique les dizièmes, le second les centièmes, le troisième les millièmes.

Soit un liquide de densité 0,589. L'équilibre s'établira avec le premier cavalier à la division 5, le second à la division 8, le troisième à la division 9.

Cette méthode, très rapide, est beaucoup plus précise que celle des aréomètres.

Aréomètres à poids constant. — Les aréomètres de Nicholson et de Fahrenheit sont des appareils dont le volume est constant et dont on fait varier le poids. D'autres appareils, très employés dans le commerce et l'industrie, donnent par simple lecture la densité des liquides : ce sont les aréomètres à volume variable et à poids constant, ou plus vulgairement *pèse-esprits*, *pèse-sels*, *pèse-lessives*, etc.

Aréomètre Baumé. — Il se compose d'un flotteur en verre soufflé, lesté par le bas et terminé en haut par une tige assez fine (fig. 54).

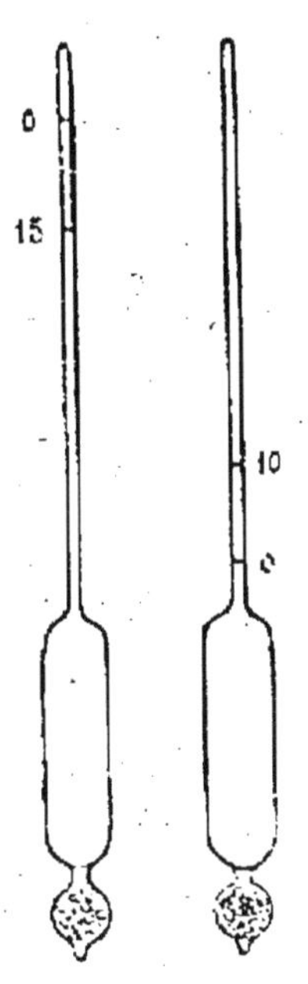

Fig. 54. — Aréomètres de Baumé.

Il s'enfonce dans l'eau jusqu'à un certain niveau, tout près de la partie supérieure (pèse-sels). On trace en ce point un trait qui sera le zéro.

On fabrique alors un mélange à 15 p. 100 de sel marin à la température de 12°5 (D = 1.116). Dans ce mélange l'aréomètre s'arrête en un second point que l'on marque 15 degrés. On divise l'espace compris entre 0 et 15 en 15 parties égales et l'on prolonge la graduation.

Pour les densités plus faibles que celle de l'eau (pèse-esprits), on fait un mélange à 10 . 100 de sel marin et on leste l'appareil pour que l'affleurement se fasse alors dans le bas de la tige. On marque zéro en ce point, 10 degrés dans l'eau distillée, et l'on prolonge la graduation.

Il faut pouvoir de ces degrés empiriques passer à la densité réelle.

J'appelle N le volume total de l'appareil exprimé en divisions de la tige depuis le zéro jusqu'à l'extrémité, et j'appelle P son poids total.

$$P = N \times 1.$$

Plongé dans le mélange à 15 p. 100 NaCl de densité 1,116.

$$P = (N - 15) \times 1,116;$$
$$N = (N - 15)\, 1,116;$$
$$N = 144 = \text{constante}.$$

Un liquide qui marque n degrés Baumé a pour densité

$$x = \frac{144}{144 - n}$$

car

$$N = (N - n)\, x.$$

N est ce qu'on appelle le *module* de l'aréomètre.

Pour les pèse-esprits le module est 127.

$$x = \frac{127}{127 - n}$$

Alcoomètres. — Les alcoomètres sont des aréomètres à poids constant, gradués de façon à indiquer la richesse en centièmes d'un mélange d'alcool et d'eau. On les désigne souvent sous le nom d'alcoomètres centésimaux de Gay-Lussac.

Ils se composent d'un flotteur lesté terminé par une tige de verre qui porte la graduation.

L'appareil s'enfonce dans l'eau jusqu'au zéro, puis on fait un mélange contenant 90 centimètres cubes d'eau distillée, 10 centimètres cubes d'alcool absolu à 15 degrés centigrades, un second de 80 centimètres cubes d'eau et 20 d'alcool, un troisième de 70 centimètres cubes d'eau pour 30 d'alcool etc., et l'on divise les intervalles en dix parties égales.

L'appareil ainsi gradué, plongé dans un mélange d'eau et d'alcool marque 55 degrés, cela veut dire que 100 volumes contiennent 55 volumes d'alcool absolu.

L'alcoomètre centésimal présente sur sa graduation des variations assez curieuses : de 0 à 20 degrés les degrés vont en diminuant de 20 degrés à 30 degrés ils sont à peu près équidistants, de 30 degrés à 100 degrés ils vont constamment en augmentant.

Les variations de 0 degré à 30 degrés proviennent de contractions dues à la combinaison de l'alcool avec l'eau, quant à la croissance continue de 30 degrés à 100 degrés elle est normale, comme on peut s'en rendre compte par le calcul suivant :

Considérons un alcoomètre et supposons que dans un mélange de densité d il s'enfonce jusqu'à la division n, correspondant au volume V. Soit P le poids de l'appareil, nous avons :

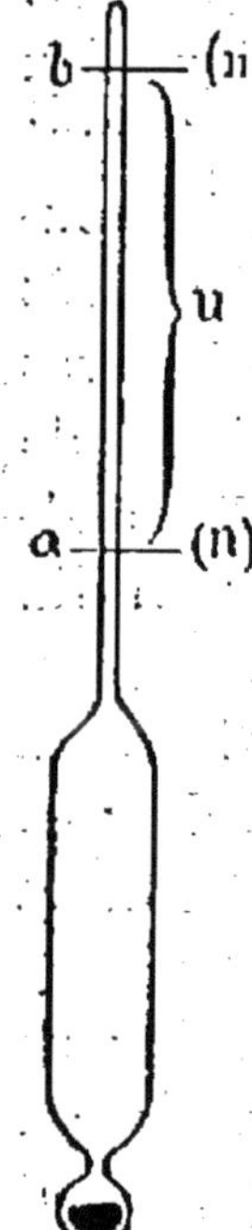

Fig. 55. Alcoomètre.

$$P = Vd$$

Je le plonge dans un alcool plus riche, de densité d-δ, l'affleurement se fait au point b, correspondant à $n + \varepsilon$ degrés alcoométriques (fig. 55).

J'appelle u le volume de la tige compris entre a et b.

Si $\frac{\varepsilon}{u}$ est une quantité constante, les degrés seront tous égaux.

Cherchons donc à évaluer $\frac{\varepsilon}{u}$.

Nous avons eu successivement

$$P = Vd$$

$$\text{et } P = (V + u)(d - \delta)$$

d'où

$$Vd = (V + u)(d - \delta) \qquad (1)$$

Cherchons une relation entre ε, n et d. Soit Δ la densité de l'alcool absolu.

Nous avons la première fois n degrés d'alcool qui pèsent $n\Delta$, plus (100-n) parties d'eau qui pèsent 1, le tout formant 100 parties en volume d'un liquide de densité d. Nous avons donc l'équation

$$\frac{n\Delta + (100 - n)}{100} = d.$$

De même dans le second cas nous aurons l'équation

$$\frac{(n + \varepsilon)\Delta + (100 - n - \varepsilon)}{100} = d - \delta.$$

Retranchons membre à membre ces deux équations, il vient,

$$\frac{\varepsilon\Delta - \varepsilon}{100} = -\delta.$$

d'où

$$\delta = \frac{\varepsilon(1 - \Delta)}{100} \qquad (2)$$

Développons l'équation (1) elle devient :

$$Vd = Vd - V\delta + ud - u\delta$$

d'où

$$\delta = \frac{ud}{V + u} = \frac{\varepsilon(1 - \Delta)}{100}$$

d'où

$$\frac{d}{V + u} = \frac{\varepsilon}{u}\,\frac{1 - \Delta}{100}$$

$$\frac{\varepsilon}{u} = \frac{d}{V + u}\,\frac{100}{1 - \Delta}$$

L'un des facteurs est constant : $\frac{100}{1 - \Delta}$ mais l'autre est variable, $V + u$ va en augmentant, donc $\frac{d}{V + u}$ va en diminuant ; le degré alcoométrique qui est $\frac{u}{\varepsilon}$ va donc en augmentant.

Les alcoomètres centésimaux ne sont pas les seuls employés. On peut se servir d'alcoomètres pondéraux qui indiquent le poids d'alcool que contient le mélange.

Densimètres. — Les aréomètres usuels sont gradués empiriquement. Il serait beaucoup plus rationnel d'avoir une graduation qui indique directement la densité des liquides.

Pour cela on leste l'appareil (fig. 56) de façon qu'il s'enfonce dans l'eau distillée à environ 3 centimètres de son extrémité.

On introduit alors dans la tige une échelle de papier tracée de millimètre en millimètre.

On note le point d'affleurement dans l'eau : a et le point d'affleurement dans l'acide sulfurique concentré : b on exprime a et b en millimètres, on en fait la différence.

$$b - a = n$$

On mesure alors la densité de l'acide sulfurique employé au moyen de la balance de Mohr. Soit 1,8 cette densité.

J'ai

$P = V \times 1$

$P = v \times 1{,}8$ dans l'acide sulfurique.

$P = v_1 \times 1{,}7,$

etc...

D'où $\frac{v}{V} = \frac{1}{1.8}$

$\frac{v_1}{V} = \frac{1}{1.7}$ etc...

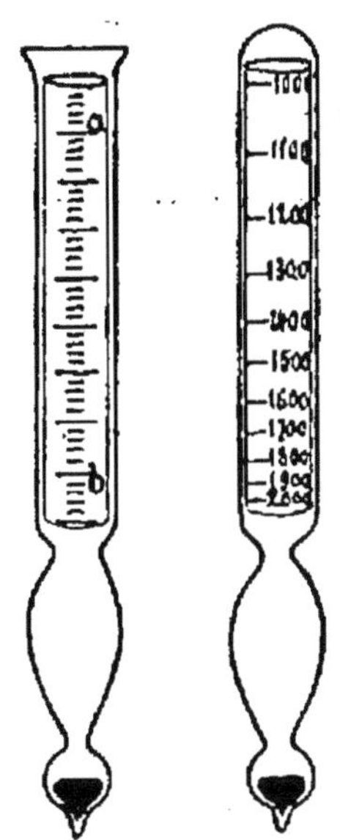

Fig. 56. — Densimètre.

De sorte que si je représente par 1000 le volume du densimètre qui se met en équilibre dans l'eau, le volume v qui se met en équilibre dans l'acide sulfurique pourra être représenté par

$$\frac{1000}{1{,}8} = 555.$$

On écrira donc sur l'échelle au point *a* le chiffre 1000 et au point *b* le chiffre 555 qui exprime le volume relatif.

On divisera l'espace *n* en un nombre de parties égales.

$$100 - 555 = 445$$

On trouvera la position des points correspondants aux densités 1,7, 1,6, etc., en se reportant à une table qui donne le volume relatif $\frac{v}{V}$.

Cette table est la suivante :

	Différences.
1000 : 1,0 = 1000	
1000 : 1,1 = 909	91 divisions.
1000 : 1,2 = 833	76 —
1000 : 1,3 = 769	64 —
1000 : 1,4 = 714	55 —
1000 : 1,5 = 666	48 —
1000 : 1,6 = 624	42 —
1000 : 1,7 = 588	36 —
1000 : 1,8 = 555	33 —
1000 : 1,9 = 526	29 —
1000 : 2,0 = 500	26 —

Le point 909 correspond donc à la densité 1,1.

Le point 833 à la densité 1,2 etc.

Nous voyons ainsi que la sensibilité du densimètre décroît à mesure que la densité croît, comme nous l'avons montré par le calcul pour les alcoomètres.

Sensibilité des aréomètres et densimètres. — La sensibilité de ces appareils dépend de leurs dimensions relatives.

Je suppose un appareil qui aille à une hauteur O dans l'eau et à une hauteur h dans un liquide de densité d.

J'appelle P le poids de l'appareil, V le volume du flotteur jusqu'au zéro, et D le diamètre de la tige.

Nous avons

$$P = V \times 1$$

et

$$P = \left(V + \frac{\pi D^2}{4} h\right) d$$

D'où nous tirons :

$$V = Vd + \frac{\pi D^2}{4} hd$$

$$h = \frac{4V(1-d)}{\pi D^2 d}$$

La hauteur h, c'est-à-dire la *sensibilité* de l'appareil est proportionnelle au volume du réservoir et inversement proportionnelle au carré du diamètre de la tige.

Étalonnage des aréomètres. — Lorsqu'on construit des aréomètres, densimètres ou alcoomètres de différentes dimensions, il n'est pas nécessaire de les graduer séparément.

On gradue l'un d'entre eux qui sert d'étalon, soit E (fig. 57). On détermine pour chacun des autres les points extrêmes A′ B′, on les place sur une table parallèlement à l'étalon, on joint AA′, BB′ ; ces deux lignes se rencontrent en un point C. Soit a une division quelconque de l'étalon, la division cor-

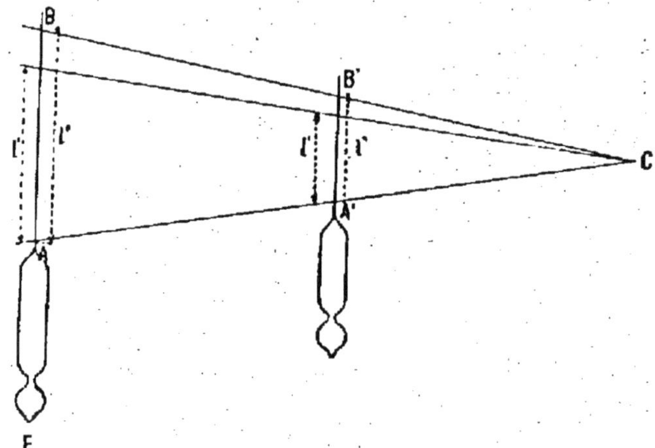

FIG. 57. — Étalonnage des aréomètres.

respondante de l'autre appareil est sur la ligne $a\,c$.

Une telle opération consiste à faire

$$\frac{l_1''}{l_1'} = \frac{l''}{l'}$$

On n'a le droit d'opérer ainsi que si le rapport $\frac{l''}{l'}$ est indépendant de la forme de l'appareil.

Considérons un aréomètre qui s'enfonce d'une longueur l' dans un liquide de densité d' et d'une longueur l'' dans un liquide de densité d''.

Soit V le volume du réservoir jusqu'au zéro et s la section de la tige.

Nous avons :

$$Vd = (V + l's)\, d'$$
$$Vd = (V + l''s)\, d''$$
$$(V + l's)\, d' = (V + l''s)\, d''$$

Divisons les deux membres par V :

$$\left(1 + \frac{l's}{V}\right) d' = \left(1 + \frac{l''s}{V}\right) d'' \qquad (1)$$

Or de la première égalité $Vd = (V + l's)\, d'$ nous tirons :

$$d = \left(1 + l' \frac{s}{V}\right) d'$$

d'où
$$\frac{s}{V} = \frac{d - d'}{d'l'}$$

Portons cette valeur dans (1), nous avons :

$$\left(1 + \frac{d - d'}{d'}\right) d' = \left(1 + l'' \frac{d - d'}{d'l'}\right) d''$$
$$\left(1 + \frac{d - d'}{d'}\right) d' = \left(1 + \frac{l''}{l'} \frac{d - d'}{d'}\right) d''$$

on en tire

$$\frac{l''}{l'} = \left(\frac{d - d''}{d''}\right) \frac{d'}{d - d'}$$
$$\frac{l''}{l'} = \frac{d - d''}{d - d'} \times \frac{d'}{d''}$$

Le rapport $\frac{l''}{l'}$ est donc bien indépendant de la forme de l'appareil ; c.q.f.d.

CHAPITRE VI

PNEUMATIQUE

Caractères physiques des gaz. — Les gaz sont caractérisés par leur *élasticité parfaite*, par l'absence de cohésion, et par la propriété très remarquable d'occuper tout l'espace qui leur est offert.

C'est ce qu'on nomme l'*expansibilité*.

Il résulte de cette propriété que les gaz exercent sur les parois des vases qui les renferment une pression ; on dit qu'ils ont une *tension*, ou *force élastique*.

Presque tous les liquides connus peuvent, sous l'influence de la chaleur, prendre l'état gazeux. On dit qu'ils sont transformés en *vapeurs*. Les vapeurs ont, comme les gaz, la propriété de l'expansibilité : elles ont une force élastique.

Mais ce qui différencie les gaz proprement dits des vapeurs, c'est la difficulté que l'on éprouve à les liquéfier.

Longtemps même on a cru l'oxygène, l'hydrogène, l'azote, l'air, etc... incapables de prendre l'état liquide. On les avait nommés pour cela *gaz permanents.*

Aujourd'hui on est arrivé à les liquéfier tous, et même à en solidifier quelques-uns, mais avec de grandes difficultés.

Il en résulte qu'un gaz proprement dit est une vapeur très éloignée de son point de liquéfaction.

Expansibilité. — On démontre expérimentalement l'expansibilité des gaz de la façon suivante : On prend une vessie de porc presque vide d'air et l'on en ferme l'ouverture avec un lien. Ceci fait, on la porte sur la platine de la machine pneumatique, sous une cloche. On fait le vide. La pression extérieure diminuant, on voit la vessie se gonfler sous l'influence de l'expansibilité du gaz qu'elle contient.

Masse des gaz. — Les gaz sont des objets matériels : ils ont une *masse*, et chacun d'eux possède une masse spécifique ou densité. La densité de l'air par rapport à l'eau est de 0,001293, c'est-à-dire qu'un litre d'air pèse 1 gr. 293.

Atmosphère. — La terre est entourée d'une couche gazeuse retenue autour d'elle par l'attraction. Ce gaz, que l'on nomme l'air, est constitué par un mélange de deux éléments : l'azote et l'oxygène, dans les proportions de 79,2 de l'un pour 20,8 de l'autre.

La hauteur de la couche atmosphérique a été déterminée par différents expérimentateurs, elle doit être de 70 à 80 kilomètres.

Pression de l'atmosphère. — Quelque faible que soit la densité de l'air, en raison de la hauteur de l'atmosphère, celle-ci doit exercer à la surface de la terre une pression sensible.

On la démontre par les expériences classiques du crève-vessie et des hémisphères de Magdebourg. On la mesure par l'expérience de Torricelli.

Expérience de Torricelli. — Si l'on prend un tube de verre de un mètre de longueur, fermé par un bout, qu'on le remplisse de mercure, et que, le fermant avec le doigt, on le renverse sur une cuve pleine de mercure, on voit la colonne s'abaisser dans le tube jusqu'à une certaine hauteur à partir de laquelle elle reste stationnaire.

Torricelli le premier démontra que la colonne ainsi soulevée dans le tube mesurait la pression atmosphérique.

Considérons, en effet, une tranche de niveau dans la cuve, la surface du mercure, par exemple, et prenons dans cette tranche deux éléments de même surface : l'un à l'extérieur, l'autre à l'intérieur du tube, ils supportent la même pression. L'un supporte la colonne mercurielle d'environ 76 centimètres de mercure, l'autre supporte la pression atmosphérique.

La valeur de cette pression est d'environ 1 kilog. 033 par centimètre carré.

En unité C. G. S. c'est 1033 grammes × 981 dynes par centimètre carré.

Les appareils qui mesurent la pression atmosphérique sont les *baromètres*.

Baromètre normal. — Le baromètre normal est un simple tube de Torricelli avec quelques dispositions pratiques pour mesurer la hauteur de la colonne avec certitude (fig. 58).

On prend un tube ayant au moins 2 centimètres de diamètre pour supprimer l'erreur due à la capillarité.

Il faut remplir le tube avec du mercure sec et privé d'air. On y arrive en se servant de tubes fermés à un bout et terminés à l'autre par une ampoule à deux tubulures dont l'une trempe dans le mercure, tandis que par l'autre on fait le vide à la trompe.

De cette façon l'appareil est complètement privé d'air.

On mesure la hauteur de la colonne en

visant avec une lunette le sommet, d'une part, et d'autre part la pointe supérieure d'une aiguille d'ivoire de longueur invariable et

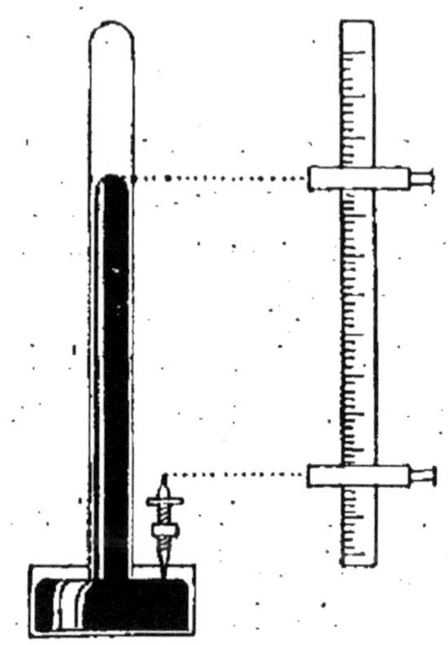

Fig. 158. — Baromètre normal.

connue, dont la pointe inférieure touche le mercure de la cuvette.

Les baromètres ordinaires, d'un diamètre de 0,8 à 1 centimètre doivent supporter trois corrections relatives à la température, à la situation géographique, à la capillarité.

Correction de température. — La même pression atmosphérique P sera représentée par des colonnes de mercure différentes à des températures différentes.

J'appelle H_0 la colonne à la température O

et H_t la colonne à la température t. Les densités du mercure varient avec la température, et les colonnes, en raison inverse des densités.

$$\frac{H_o}{H_t} = \frac{D_t}{D_o} = \frac{1}{1+Kt}$$

$$H_o = H_t \frac{1}{1+Kt}$$

Dans le baromètre absolu, l'échelle graduée est indépendante du baromètre et subit aussi la dilatation.

Soit a son coefficient de dilatation. Je la suppose graduée à zéro. Alors à $t°$, une division, un millimètre a pour longueur $1 + at$. Ce que nous mesurons donc à $t°$, c'est

$$H_t(1 + at)$$

Donc

$$H_o = H_t \frac{1+at}{1+Kt}$$

en négligeant les termes d'un ordre plus élevé que le second degré, c'est-à-dire les termes en a^2 et en a K on a

$$H_o = H_t[1 + (a - K)\, t].$$

Pour un échelle en cuivre :

$$a = 0{,}0000188$$
$$K = 0{,}0001803$$
$$K - a = 0{,}00016$$
$$H_o = H_t(1 - 0{,}00016\, t).$$

Correction de situation géographique. — Nous savons que l'intensité de la pesanteur n'est pas la même en tous les points de la terre, qu'elle va en diminuant de l'équateur au pôle.

On ramène les lectures barométriques au niveau de la mer et à la latitude de 45 degrés.

Si j'appelle D la masse spécifique et Δ le poids spécifique nous savons que

$$\Delta = Dg.$$

J'appelle g_{45} l'intensité de la pesanteur dans les conditions dites normales.

$$\Delta_{45} = Dg_{45},$$

$$\frac{H}{H_{45}} = \frac{\Delta_{45}}{\Delta} = \frac{g_{45}}{g},$$

$$H_{45} = H\,\frac{g}{g_{45}}.$$

On a établi des formules empiriques qui donnent le rapport $\frac{g}{g_{45}}$ en fonction de la latitude et de l'altitude d'un lieu

$$\frac{g}{g_{45}} = \left(1 - 0{,}002552 \cos 2\lambda\right)\left(1 - \frac{2z}{R}\right)$$

z, étant l'altitude du lieu, λ sa latitude, et R le rayon terrestre : 6366 km.

La formule pratique est :

$$\frac{g}{g_{45}} = (1 - 0{,}0026 \cos 2\lambda - 0{,}0000002\,z).$$

Correction de capillarité. — Nous verrons au chapitre « Capillarité » comment on corrige de l'influence capillaire les lectures barométriques.

Une bonne méthode consiste à comparer tous les jours pendant un mois, le baromètre que l'on construit avec un baromètre normal de 2 centimètres de diamètre, et d'adopter comme correction capillaire la moyenne des différences observées entre les deux lectures faites simultanément.

Baromètre de laboratoire. — L'appareil le plus généralement employé dans les laboratoires est une modification du baromètre de Fortin. Il se compose d'un tube de verre légèrement étiré à la partie inférieure qui plonge dans le mercure, pour atténuer de brusques mouvements de celui-ci qui pourraient briser l'appareil. Ce tube est mastiqué dans une enveloppe métallique sur laquelle la cuve vient se visser.

Un index de verre coloré soudé à la base du tube permet, en vissant plus ou moins la cuve, d'amener son niveau toujours à un point constant. La graduation est faite sur le verre, et celui-ci est enveloppé tout entier d'une garniture métallique qui porte une fenêtre dans la partie utile de la graduation.

La garniture porte à cet endroit un vernier au dixième de millimètre (fig. 59).

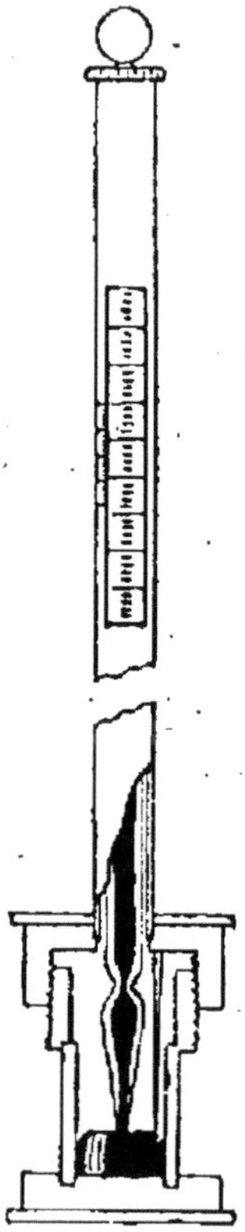

Fig. 59. Baromètre de laboratoire.

Baromètre anéroïde. — Le baromètre anéroïde se compose d'une petite caisse métallique dont le couvercle est constitué par une plaque ondulée très flexible (fig. 60).

On fait le vide à l'intérieur de cette boîte, les variations de la pression atmosphérique entraînent des variations dans la flexion de la boîte. Il s'agit de les enregistrer.

Pour cela, sur le côté de l'appareil, un grand ressort R est maintenu par une extrémité, et relié par l'autre au fond de la boîte au moyen d'une petite pièce métallique.

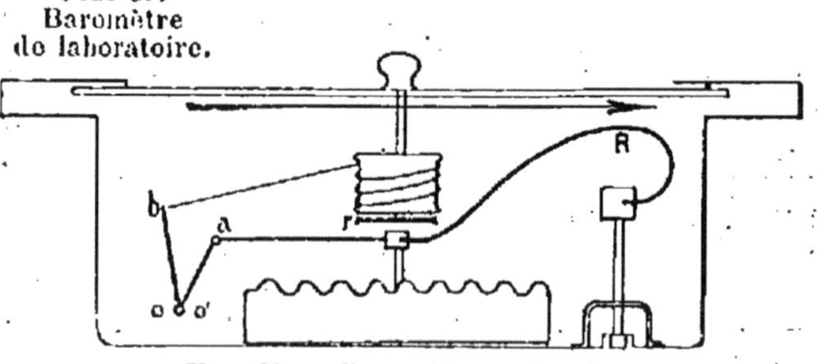

Fig. 60. — Baromètre anéroïde.

A une petite distance de la caisse se trouve un axe horizontal OO′, sur cet axe est calée une manivelle, articulée avec un levier *a* fixé au ressort R.

Sur le même axe, une deuxième manivelle *b* porte l'extrémité d'une chaîne qui s'enroule sur un tambour porteur d'une aiguille qui se meut sur un cadran. Sous le cylindre, un petit ressort tourné en spirale tend la chaîne dans le sens de la flèche.

Toute variation de la flexion de la boîte se traduit par une rotation de l'axe OO′ amplifiée par le taquet *b* et communiquée à l'aiguille.

Généralement ces aiguilles font un tour de cadran pour une différence de pression de 10 centimètres de mercure ce qui est très suffisant.

COMPRESSIBILITÉ DES GAZ

Loi de Mariotte. — A une température constante les volumes occupés par une même masse de gaz sont en raison inverse des pressions qu'elle supporte.

$$\frac{V}{V'} = \frac{P'}{P},$$

$$VP = V'P' = \text{Constante.}$$

Si nous portons en abscisses les pressions et

en ordonnées les volumes correspondants, nous aurons une courbe, la *courbe de Mariotte*, qui est une hyperbole équilatère (fig. 61).

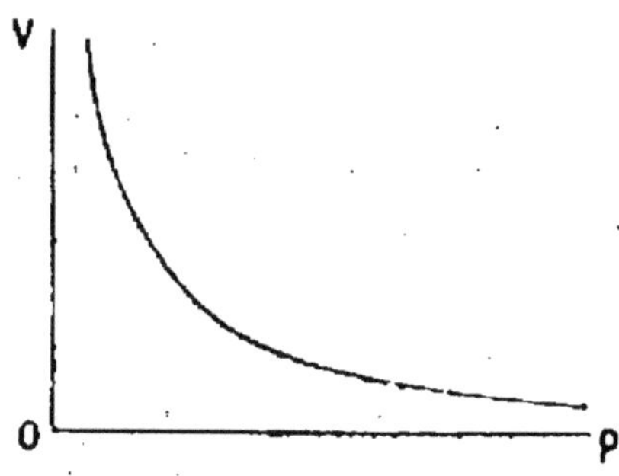

Fig. 61, — Courbe de Mariotte.

Vérification de la loi de Mariotte. — En dilatant ou en comprimant une masse gazeuse contenue dans un tube barométrique placé sur une *cuve profonde*, on vérifie aisément la loi de Mariotte pour de faibles différences de pression (fig. 62).

Mariotte avait établi la loi en enfermant le gaz dans un tube fermé communiquant par le bas avec un tube ouvert parallèle dans lequel on introduisait du mercure. (*Tube de Mariotte*) (fig. 62 *bis*).

Avec un tel appareil les pressions ne pouvaient pas être bien considérables, il était intéressant de pousser les essais plus avant.

Expériences de Despretz et Pouillet. — Despretz comprimant simultanément à de très fortes pressions deux gaz différents : l'air et l'acide carbonique, au moyen de l'appareil

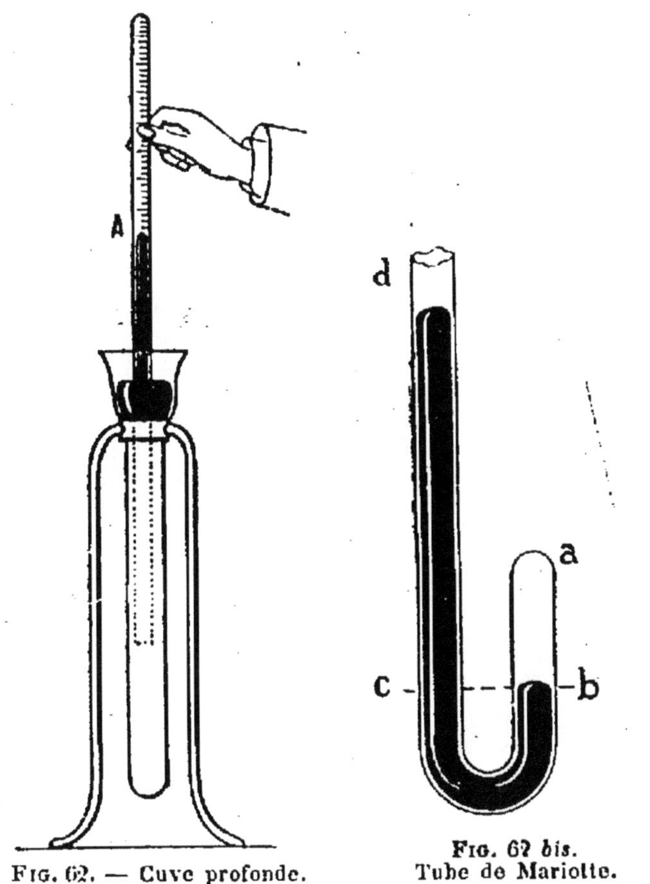

FIG. 62. — Cuve profonde.

FIG. 62 *bis*. Tube de Mariotte.

de la figure 63, observa que les deux gaz ne se comportaient pas de la même manière. Il vit que l'oxygène, l'azote, l'hydrogène, l'oxyde de carbone, suivent la même loi de compression que l'air, mais que l'acide carbonique, l'ammoniaque, l'acide sulfureux, le

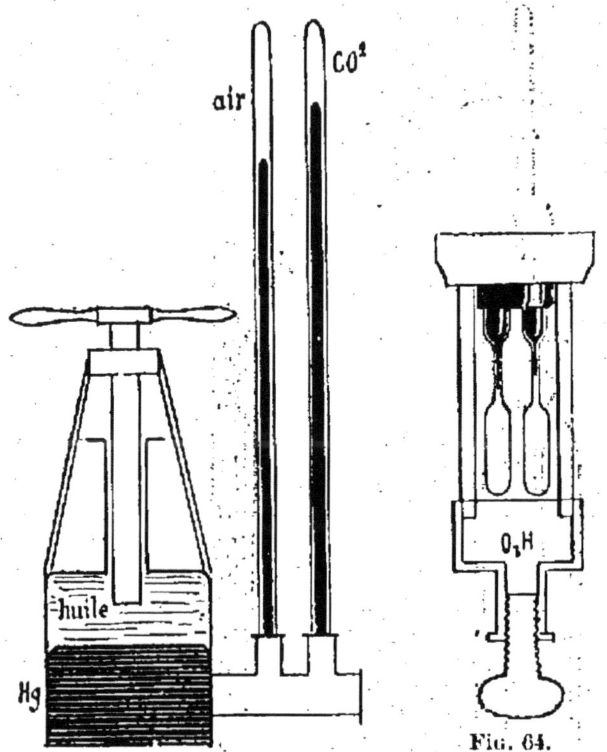

FIG. 63. — Expérience de Despretz. FIG. 64. Expérience de Pouillet.

protoxyde d'azote, se compriment plus que l'air.

Pouillet réalisa une série d'expériences à la pression de 100 atmosphères avec l'appareil de la figure 64 et confirma les résultats de Despretz avec cette différence que l'hydrogène semble se comprimer moins que l'air.

Expériences de Dulong et Arago. — Dulong et Arago ont cherché à vérifier la loi de Mariotte en perfectionnant le système de mesure de la pression. Le gaz est comprimé dans un tube de verre de 2 mètres de hauteur mastiqué dans une tubulure d'un réservoir résistant surmonté d'une pompe aspirante et foulante qui comprime de l'eau au-dessus du mercure. Une seconde tubulure latérale porte le manomètre formé d'une série de tubes de verre reliés les uns aux autres par une garniture métallique et maintenus individuellement en équilibre par des contrepoids (fig. 65).

Sur le côté du tube une règle mesurée portant vernier donne les hauteurs successives. Le tube de 2 mètres est jaugé d'avance en parties d'égal volume par une courbe de calibrage.

Dulong et Arago poussant leurs essais jusqu'à 27 atmosphères ont conclu que l'air, l'oxygène, etc... suivaient la loi de Mariotte, et que les différences observées étaient de l'ordre des erreurs d'expérience. Cependant leur méthode présentait un vice : Considérons le tube de 2 mètres, soit ε l'erreur sur la lecture du volume. L'erreur relative

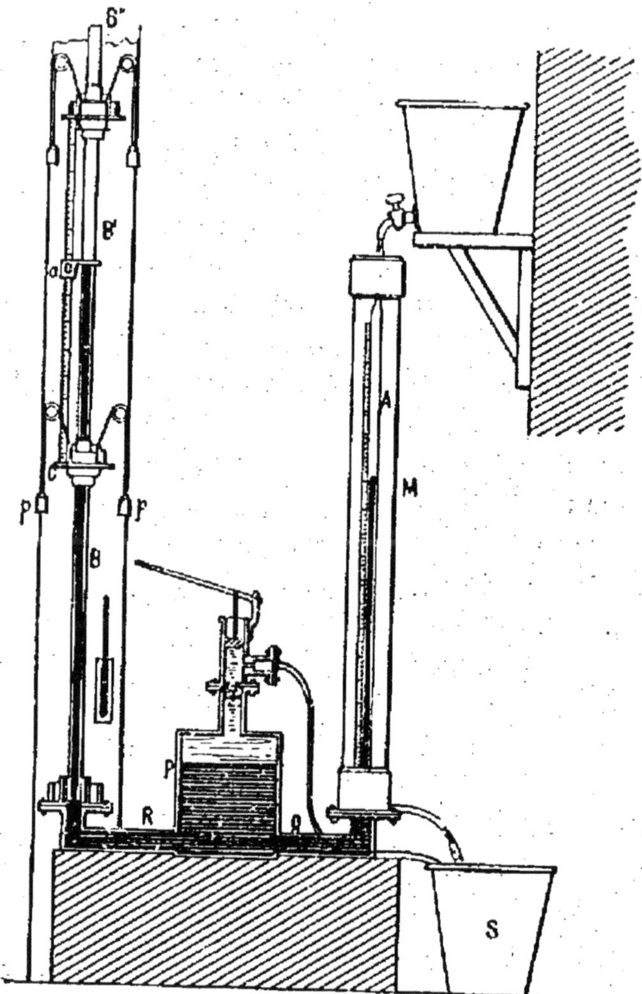

FIG. 65. — Expérience de Dulong et Arago.

est $\frac{\varepsilon}{V}$. Supposons que le volume décroisse de moitié

Alors l'erreur relative est $\frac{\varepsilon}{\frac{V}{2}} = \frac{2\varepsilon}{V}$. L'erreur est double.

L'erreur croît avec la pression.

Expériences de Regnault — Partant de là, Regnault a repris les expériences de Dulong et Arago en s'arrangeant pour que l'erreur relative soit toujours la même.

L'appareil est sensiblement le même, sauf que le tube qui contient le gaz au lieu d'être fermé en haut, porte à cet endroit un robinet qui peut être mis en communication avec un réservoir contenant du gaz comprimé (fig. 66).

La méthode consiste à introduire dans le tube un volume V, constant, de gaz sec à la pression P. Alors on ferme le robinet supérieur et l'on comprime le gaz au volume $\frac{V}{2}$. On mesure la nouvelle pression P′.

Pour une seconde opération, on introduit le même volume V de gaz à une pression P_1, on réduit le volume à $\frac{V}{2}$ on mesure la pression P'_1, etc...

De cette façon l'erreur relative sur la lecture des volumes est toujours la même.

Regnault a représenté les résultats de ses

expériences par un graphique (fig. 67), en portant en abscisses les pressions initiales

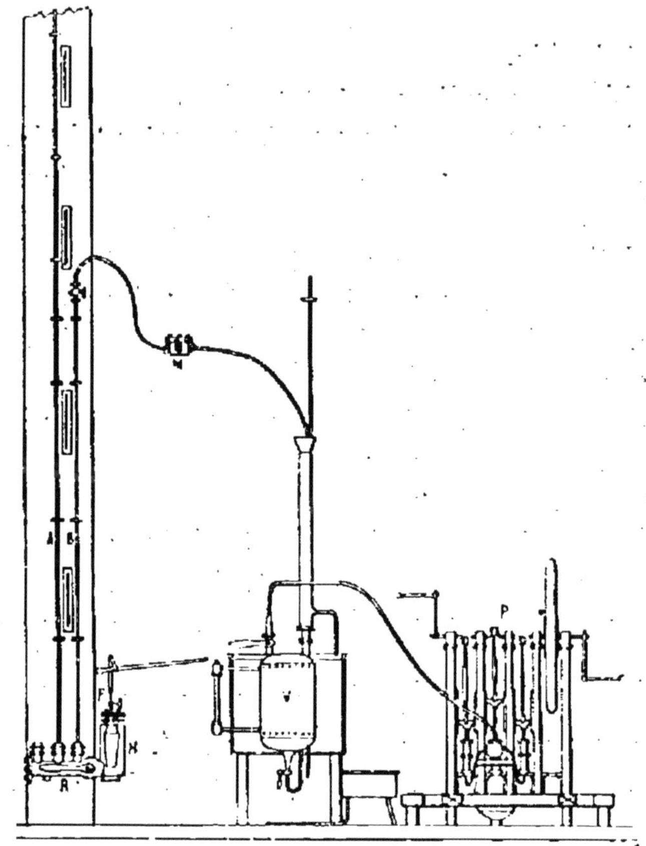

Fig. 66. — Expérience de Regnault.

P P_1 P_2, etc... et en ordonnées les différences.

$$\frac{PV}{P'V'} - 1.$$

Or voit que $\frac{PV}{P'V'}$ qui dans la loi de Mariotte serait égal à 1 devient plus grand que 1 pour l'azote, l'oxygène, et décroit au contraire avec l'hydrogène.

Regnault a établi une formule empirique

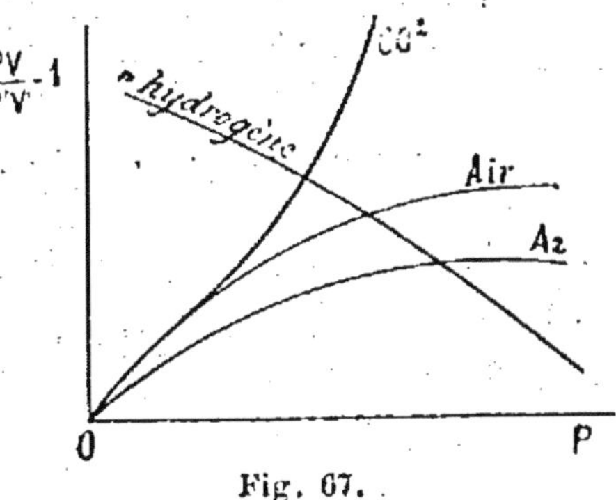

Fig. 67.

qui donne la compression d'un gaz quelconque, soit P_o V_o les volume et pression à l'origine et P_n et V_n les volume et pression à la fin. On a

$$\frac{\left(\frac{P_n}{P_o}\right)}{\left(\frac{V_o}{V_n}\right)} = 1 + A\left(\frac{V_o}{V_n} - 1\right) + B\left(\frac{V_o}{V_n} - 1\right)^2$$

Pour l'air :

$$A = 0{,}00110538$$
$$B = 0{,}0000193809.$$

MM. Cailletet et Amagat ont étudié la

compression à des pressions plus élevées encore et à des températures différentes.

On a cherché à vérifier la loi de Mariotte pour des pressions plus basses que la pression atmosphérique.

Mendéléeff pense que tout gaz suffisamment raréfié se comporte comme l'hydrogène. D'après Amagat ils se conforment à la loi.

En résumé la loi de Mariotte est une loi approchée mais très suffisamment exacte dans les limites ordinaires.

Manomètres. — Les manomètres sont des appareils destinés à mesurer la pression des gaz ou des vapeurs.

Manomètres à air libre. — Les manomètres à air libre sont les plus précis. Le type de ces manomètres est la grande branche de l'appareil de Dulong et Petit.

Un dispositif très remarquable est celui du manomètre à air libre installé par M. Cailletet dans la tour Eiffel (fig. 68). B est le récipient dans lequel on veut mesurer la pression.

Supposons que la colonne de mercure doive s'arrêter entre A et A', par une manœuvre convenable du robinet R, on met en communication le tube manométrique en fer *m'n*, avec le tube de verre gradué *cd*. Un manomètre métallique fixé sur le récipient B donne à peu près la pression et indique quel est le robinet que l'on doit ouvrir.

Manomètres à air comprimé. — Les manomètres à air comprimé se composent essentiellement d'une cuve hermétiquement close contenant du mercure au-dessus duquel on fait arriver le gaz comprimé au moyen d'une tubulure *a*. La pression se transmet à

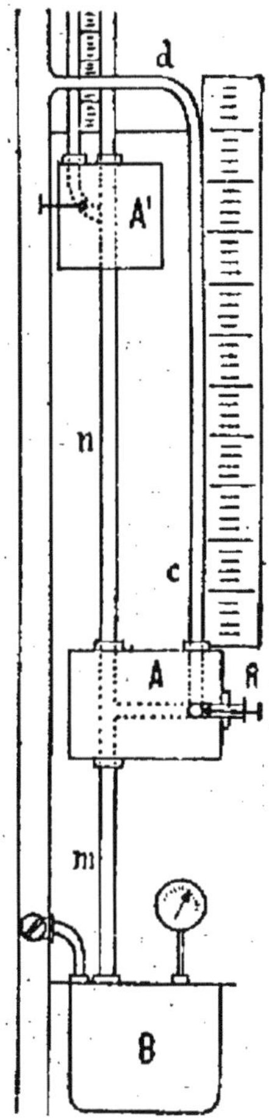

Fig. 68.
Manomètre.

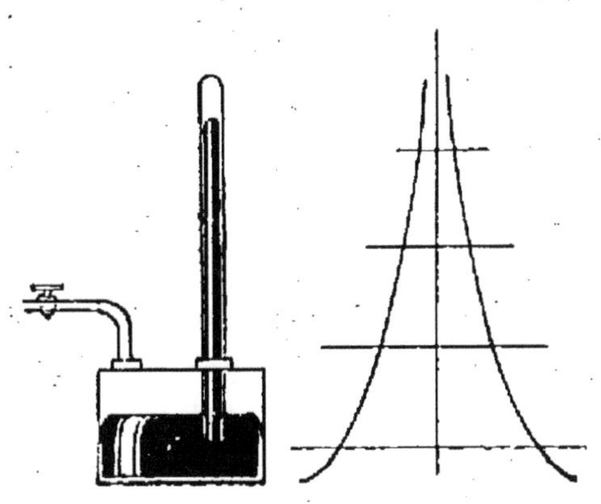

Fig. 69.
Manomètre à air comprimé.

un tube fermé contenant de l'air (fig. 69).

L'inconvénient de ces appareils est que

leur sensibilité décroît lorsque la pression augmente.

On obvie à cet inconvénient en donnant au tube une forme conique. On démontre facilement, en effet, que pour que la sensibilité soit constante il faut que la courbe méridienne du tube soit une hyperbole équilatère.

Manomètres de Bourdon. — Les appareils les plus généralement employés dans la pratique industrielle sont les manomètres métalliques de Bourdon.

Ils sont fondés sur l'élasticité des tubes métalliques à section elliptique. Lorsqu'un tel tube est contourné en fer à cheval, toute différence de pression entre l'intérieur et l'extérieur se traduit par une différence dans l'écartement des extrémités du tube.

La figure 36 montre le détail d'un tel système.

Manomètres enregistreurs. — On enregistre de faibles différences de pression, d'une façon continue, au moyen des tambours de Marey.

Ceux-ci sont constitués par deux calottes métalliques très minces, d'un poids très faible entre lesquelles se trouve une enceinte de caoutchouc mise en communication par un tube avec le lieu où se passent les variations de pression. Une des calottes métalliques étant fixe sur un support, l'autre suit les dilatations et contractions de l'enceinte de caoutchouc et les transmet à un levier articulé autour d'un point, levier qui amplifie ces mouvements et les inscrit sur un cylindre enregistreur

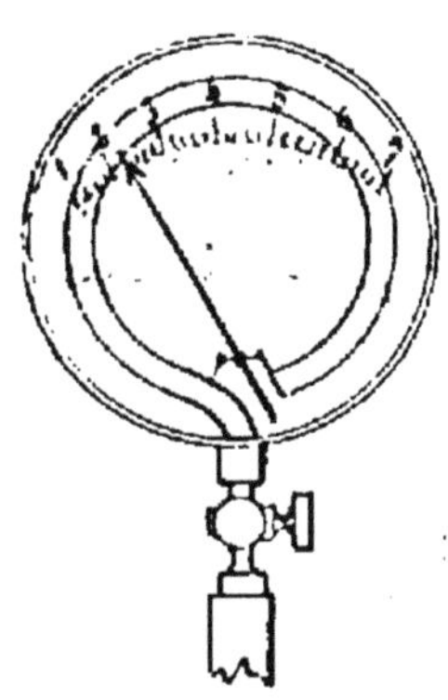

Fig. 70. — Manomètre de Bourdon.

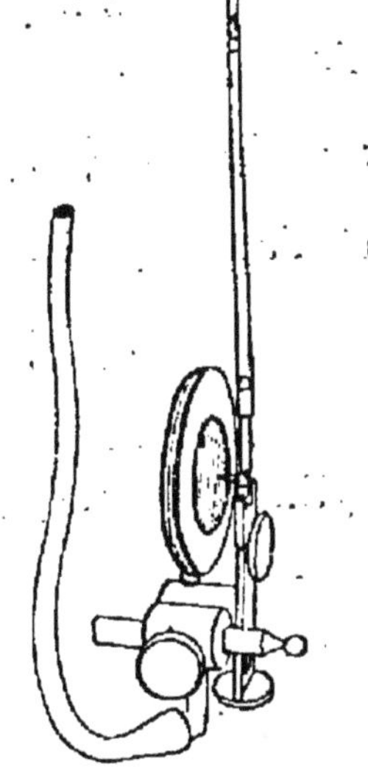

Fig. 71. — Tambour de M. Marey.

tournant d'un mouvement uniforme (fig. 71).

Production du vide. — Machine pneumatique. — Considérons une machine pneumatique quelconque, j'appelle R le volume du récipient, V le volume du corps de pompe. Le piston ne peut pas venir exactement coïncider avec le fond du cylindre, il y a un *espace nuisible* de volume *u*.

J'appelle H_0 la pression initiale dans le récipient et H la pression atmosphérique.

Lorsque le piston est en bas de sa course l'air contenu dans l'espace nuisible u est à la pression atmosphérique H.

Soulevons le piston. Nous avons : d'une part :

$u \times H = (R + V)\, x$ (air de l'espace nuisible).

et d'autre part :

$RH_0 = (R + V)\, y$ (air du récipient).

La pression dans le récipient et dans le cylindre est $x + y$.

$$x = \frac{u \times H}{R + V}$$

$$y = \frac{RH_0}{R + V}$$

$$H_1 = x + y = \frac{u \times H}{R + V} + \frac{H_0 R}{R + V}.$$

La pression au bout du deuxième coup de piston

$$H_2 = \frac{u \times H}{R + V} + \frac{H_1 R}{R + V}$$

et

$$H_n = \frac{u \times H}{R + V} + \frac{H_{n-1} R}{R + V},$$

Multiplions les deux membres de chacune de ces égalités, la première par

$\left(\frac{R}{R+V}\right)^{n-1}$, la seconde par $\left(\frac{R}{R+V}\right)^{n-2}$ etc.

Nous aurons :

$$H_1\left(\frac{R}{R+V}\right)^{n-1} = u\frac{H}{R+V}\left(\frac{R}{R+V}\right)^{n-1} + H_0\left(\frac{R}{R+V}\right)^{n}$$

$$H_2\left(\frac{R}{R+V}\right)^{n-2} = u\frac{H}{R+V}\left(\frac{R}{R+V}\right)^{n-2} + H_1\left(\frac{R}{R+V}\right)^{n-1}$$

$$H_n = u\frac{H}{R+V} + H_{n-1}\frac{R}{R+V}.$$

Additionnons membre à membre, les premiers termes se détruisent, nous aurons :

$$H_n = u\frac{H}{R+V}\left[1 + \frac{R}{R+V} + \ldots + \left(\frac{R}{R+V}\right)^{n-1}\right] + H_0\left(\frac{R}{R+V}\right)^{n}.$$

La partie entre parenthèses est une progression géométrique décroissante dont la raison est $\frac{R}{R+V}$.

cherchons la limite de la somme de ses termes.

$$\lim = \frac{a}{1-q} = \frac{1}{1-\frac{R}{R+V}} = \frac{R+V}{V}.$$

Il vient alors :

$$\lim H_n = u \frac{H}{R+V} \times \frac{R+V}{V}$$

$$\lim H = H \frac{u}{V}.$$

Plus l'espace nuisible sera petit et plus le vide sera parfait.

Perfectionnement de Babinet. — (fig. 72)

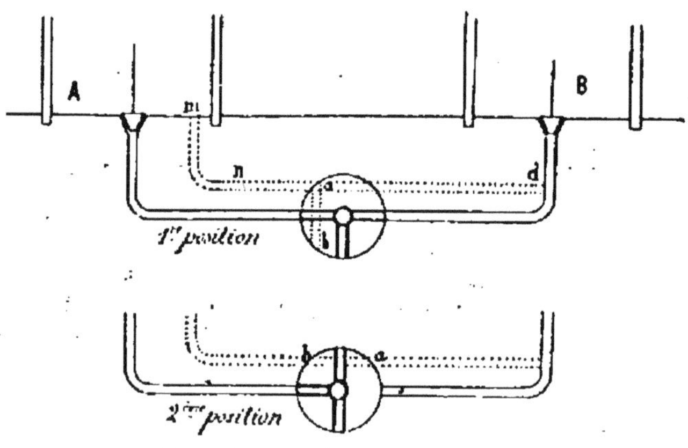

Fig. 72. — Robinet de Babinet.

Considérons une machine pneumatique à deux corps de pompe, et plaçons sur le conduit qui fait communiquer les cylindres et le récipient un robinet à trois voies percé d'un trou supplémentaire, comme le montre la figure 72.

Dans la position (1) ce conduit *ab* n'agit pas, on fait le vide dans le récipient. Lorsque la limite du vide est atteinte, on tourne le robinet dans la position (2) et alors le cylindre B fait le vide dans l'espace nuisible de A tandis que le cylindre A fait le vide dans le récipient.

Il arrivera un moment où B ne fonctionnera plus, c'est qu'on aura atteint la limite du vide dans l'espace nuisible de A. Celui-ci est à la pression.

$$H\frac{u}{V}.$$

d'après le calcul précédent.

De sorte que le gaz qui est dans le récipient au volume V et à la pression y nous donne.

$$V \times y = H\frac{u}{V} \times u.$$

$$y = H\frac{u^2}{V^2}.$$

la limite du vide est donc reculée.

Pompe à mercure. — La machine pneumatique est presque complètement abandonnée des laboratoires et remplacée par la

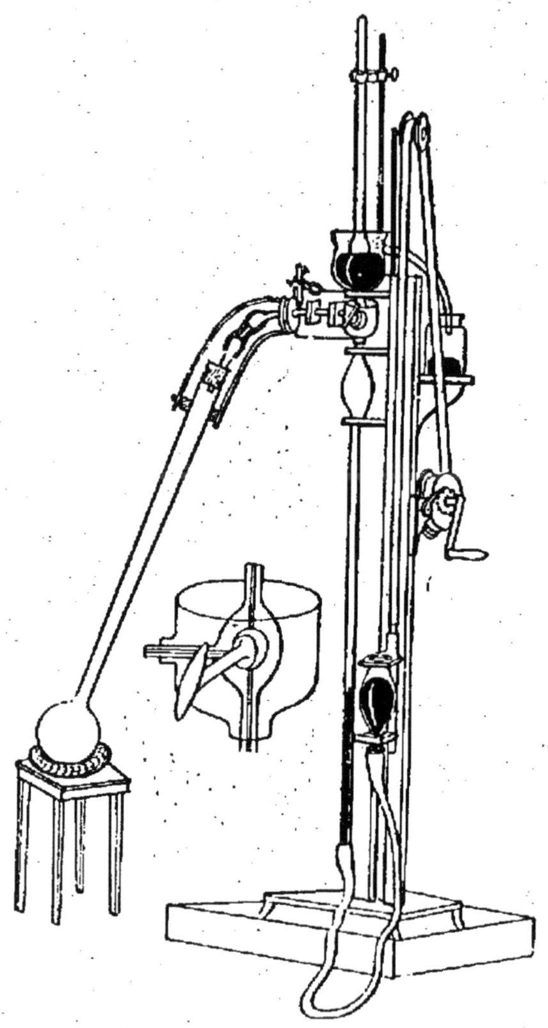

FIG. 73. — Pompe à mercure.

pompe à mercure. La figure 73 montre cette pompe telle qu'Alvergniat la construit sur les indications de M. Gréhant.

En abaissant le récipient mobile, on abaisse également le mercure dans l'ampoule fixe. On met en communication cette ampoule vide avec le récipient à vider au moyen du robinet à trois voies. On ferme celui-ci, on remonte le récipient mobile, ce qui comprime le gaz extrait.

On chasse celui-ci en haut par le robinet à trois voies.

Et l'on continue jusqu'à ce que le vide soit complet.

Remarquons que dans l'équation

$$\lim H_n = H \frac{u}{V},$$

u est ici nul, le mercure coïncide parfaitement avec le récipient qui le contient. On obtiendra donc un vide parfait.

Trompe à eau. — La trompe à eau d'Alvergniat (fig. 74) est un appareil complètement en verre. La tubulure A s'adapte à un robinet de fontaine. L'eau passe de l'ajutage conique A à l'ajutage conique renversé D. Dans cette chute très brusque l'eau entraîne le gaz ambiant et forme en B un appel d'air. En adaptant cette tubulure B par un gros caoutchouc, avec le récipient plein de gaz, on y fait rapidement un vide partiel, jusqu'à une pression de 2 à 3 centimètres de mercure.

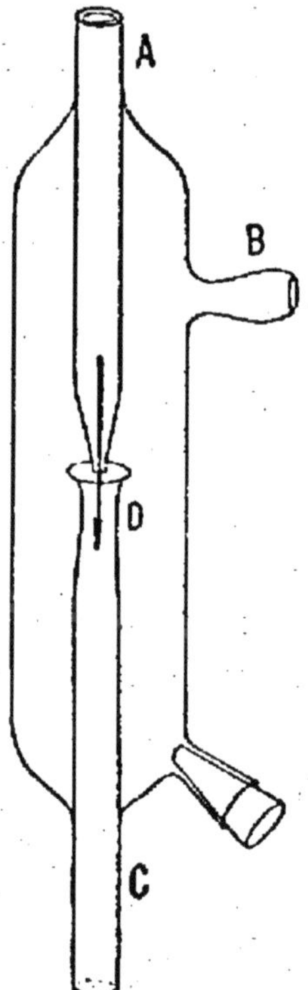

Fig. 74. — Trompe à eau.

Trompe á mercure de Sprengel. (Fig. 75). – Un vase cylindrique en verre AA porte à sa partie supérieure deux tubes de verre, l'un T qui le fait communiquer avec l'atmosphère, l'autre J qui s'ouvre à une petite distance de son extrémité inférieure, et par lequel s'écoule le mercure placé dans l'entonnoir E. Maintenu par la pression atmosphérique, ce liquide conserve dans A un niveau sensiblement constant *a*, monte dans le tube BB, s'écoule dans le tube CC, remonte dans le tube D, dont le diamètre intérieur diminue brusquement vers le haut, et de là coule goutte à goutte par F dans le réservoir I. A sa partie supérieure, le tube D communique au moyen de H et de l'un quelconque des tubes *rs r's'*, avec l'appareil qui contient le gaz à raréfier. Par

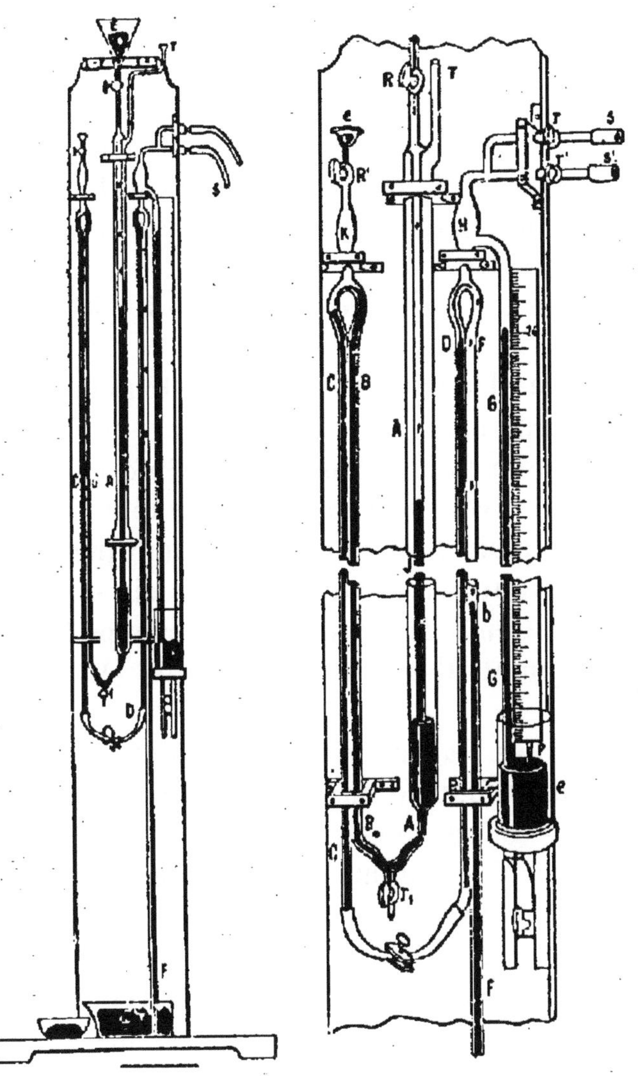

FIG. 75. — Trompe à mercure de Sprengel.

un phénomène tout à fait analogue à celui de la trompe à eau, le gaz est entraîné par le mercure, il est pour ainsi dire aspiré par ce liquide, et s'écoule comme lui par le tube F; quant à la pression du gaz dans H, elle est à chaque instant mesurée par la différence entre la hauteur du mercure dans G et dans un baromètre.

On fait ainsi le vide presque automatiquement.

Le grand avantage de cet instrument est qu'il permet de recueillir le gaz extrait en plaçant une cloche dans la cuve inférieure I.

Il faut avoir soin que l'entonnoir E soit toujours plein : on y arrive automatiquement en soulevant le mercure du trop plein et en le déversant en E, au moyen d'une trompe à eau fonctionnant d'une façon continue (M. Verneuil).

Machines de compression. Valeur de la pression au bout d'un nombre n de coups de piston. — Supposons que R soit le volume du réservoir, V le volume du corps de pompe et u l'espace nuisible.

Je soulève le piston, l'air pénètre sous celui-ci. J'abaisse le piston, l'air se rend dans le récipient. Quand il est arrivé au bas de sa course, l'air qui était dans le corps de pompe occupe un volume $R+u$. Mais au moment où la soupape s'est ouverte nous avions de l'air à la pression H_0 dans le réservoir.

J'ai $$VH = (R + u)\,x,$$

$$x = H \frac{V}{R+u};$$

en même temps,

$$RH_0 = (R + u)\,y,$$

$$y = H_0 \frac{R}{R+u},$$

$$x + y = H_1 = H \frac{V}{R+u} + H_0 \frac{R}{R+u},$$

$$H_2 = H \frac{V}{R+u} + H_1 \frac{R}{R+u}$$

. . . .

$$H_n = H \frac{V}{R+u} + H_{n-1} \frac{R}{R+u}.$$

Multiplions les deux membres de chacune de ces équations respectivement par

$$\left(\frac{R}{R+u}\right)^{n-1} \left(\frac{R}{R+u}\right)^{n-2} \text{ etc.}$$

Nous avons :

$$H_1 \left(\frac{R}{R+u}\right)^{n-1} = H \frac{V}{R+u} \left(\frac{R}{R+u}\right)^{n-1} + H_0 \left(\frac{R}{R+u}\right)^{n},$$

$$H_2 \left(\frac{R}{R+u}\right)^{n-2} = H \frac{V}{R+u} \left(\frac{R}{R+u}\right)^{n-2} + H_1 \left(\frac{R}{R+u}\right)^{n-1},$$

$$H_n = H \frac{V}{R+u} + H_{n-1} \frac{R}{R+u}.$$

Faisons la somme membre à membre de ces équations, nous voyons que les premiers termes se détruisent, il reste

$$H_n = H \frac{V}{R+u} \left[1 + \frac{R}{R+u} + \ldots + \left(\frac{R}{R+u}\right)^{n-1}\right] + H_0 \left(\frac{R}{R+u}\right)^n.$$

Passons à la limite.

$$\lim H_n = H \frac{V}{R+u} \times \frac{R+u}{u} = H \frac{V}{u}.$$

CHAPITRE VII

ATTRACTION MOLÉCULAIRE

Capillarité. — La capillarité étudie un certain nombre de phénomènes moléculaires de liquide à solide qui sont en contradiction avec les principes de l'hydrostatique.

Lorsqu'un liquide touche un solide, ils ont entre eux une courbe de raccordement et pour un même liquide et une même paroi la tangente à la courbe fait avec la paroi un angle α constant. Si cet angle α est plus grand que 90 degrés, le ménisque est dit concave. Si $\alpha = 90$ degrés, on a une surface plane. Pour $\alpha < 90$ degrés, le ménisque est convexe.

Dans des tubes capillaires le principe des vases communiquants est en défaut : si le liquide mouille le tube, le ménisque est concave et on observe une ascension; si le liquide ne mouille pas le tube, le ménisque est convexe, avec dépression.

La forme du ménisque dépend de l'inclinaison de la paroi.

Ainsi pour le mercure et le verre $\alpha = 45°$. Supposons du mercure contenu dans une sphère de verre, on vérifiera géométriquement que le ménisque sera concave, plan, ou convexe à volonté (fig. 76).

L'ascension ne dépend que de la forme du

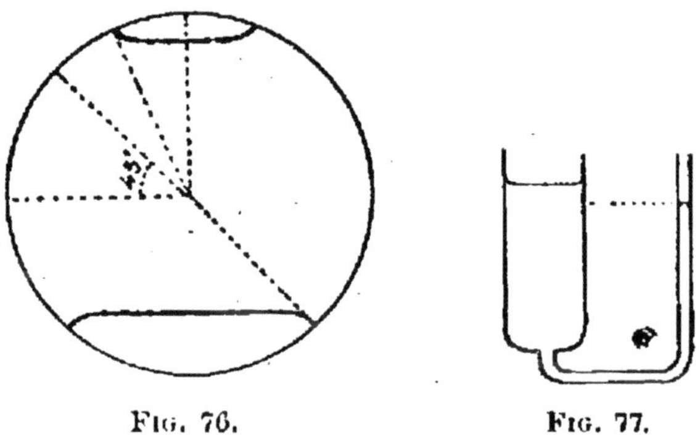

FIG. 76. FIG. 77.

ménisque, ainsi deux tubes communiquant ensemble, si le ménisque est convexe en B, le liquide est plus haut en A qu'en B (fig. 77).

Il semble donc qu'au ménisque concave correspond une force dirigée de bas en haut, et au ménisque convexe une force dirigée de haut en bas.

Théorie de Laplace. — On suppose que les molécules s'attirent lorsqu'elles sont à des distances très petites. Soit r la distance maxima à laquelle deux molécules s'attirent. Décrivons autour de la molécule m la sphère de rayon r. C'est ce qu'on appelle la sphère d'attraction sensible (fig. 78).

Considérons une surface liquide ab, une molécule m à l'intérieur de cette surface. Décrivons sa sphère d'attraction sensible.

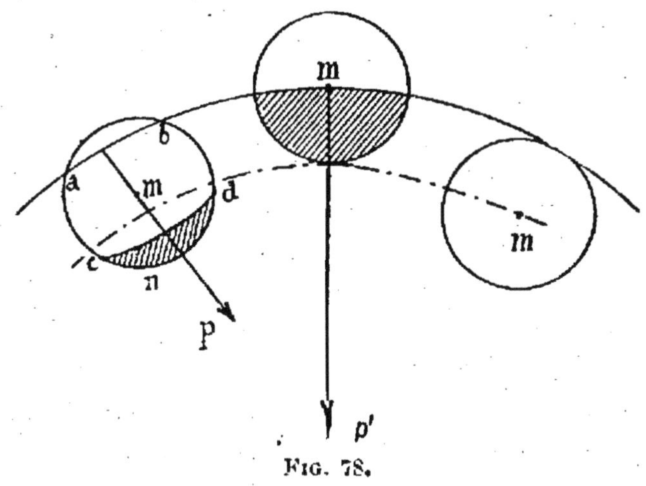

Fig. 78.

Menons le symétrique cd de ab par rapport à m.

Dans l'intervalle ab cd, les attractions moléculaires se détruisent. Mais il reste celles qui proviennent de la calotte cdn. Ces attractions ont une résultante telle que p, normale à la surface.

Si la molécule m est sur la surface même, la résultante p' est maxima. Elle est nulle lorsque la sphère est tangente à la surface.

Supposons une surface plane HH′, une molécule m et sa sphère d'attraction sensible, soit hh' le symétrique de la surface par rapport au point m, les molécules situées dans la calotte $a\,b\,c$ engendrent une pression p. Si la surface HH′ devient convexe, son symétrique

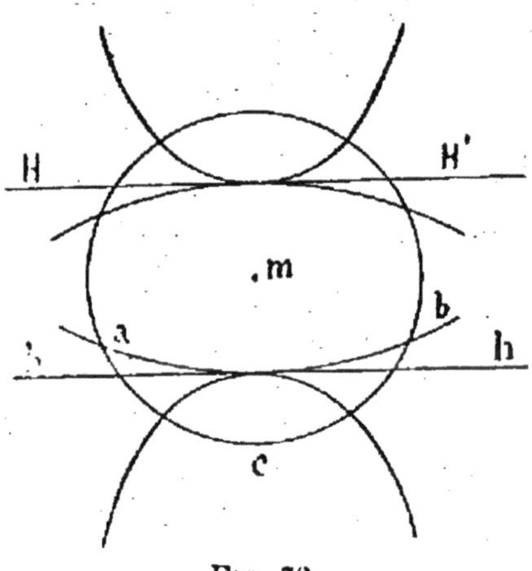

Fig. 79.

devient concave, et la pression p devient

$$p + h > p.$$

Si la surface devient concave, son symétrique est convexe, le nombre de molécules comprises dans la calotte $a\,b\,c$ décroît, la pression devient

$$p - h < p.$$

Ceci explique l'ascension dans les tubes capillaires (fig. 79).

Considérons un tube capillaire et un ménisque concave; considérons la surface libre.

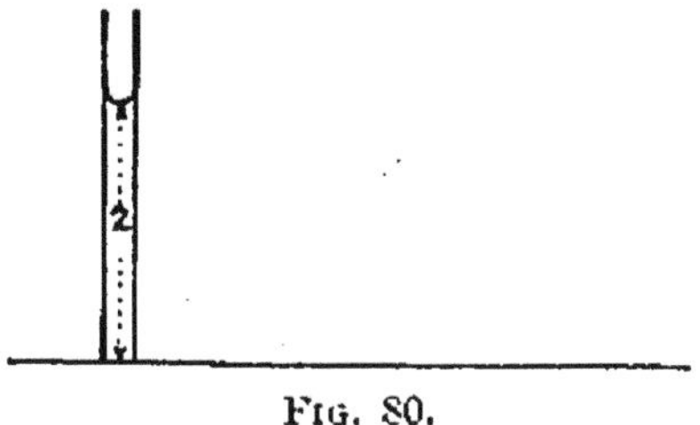

Fig. 80.

La pression sur cette surface est la même que dans le tube :

$$p = p - h + z,$$

d'où $z = h$ il y a donc ascension (fig. 80).

Si le ménisque est convexe,

$$p = p + h + z;$$
$$z = -h.$$

z est négatif, il y a dépression.

Théorie de Gauss. — Du fait de la tension superficielle, il résulte que la surface d'un liquide agit comme une membrane élastique tendue. Pour écarter les molécules de cette membrane, il faut appliquer deux forces de chaque côté qui fassent équilibre à la tension superficielle.

Chacune de ces forces évaluée en milligrammes par millimètre carré, est ce qu'on appelle la tension superficielle.

Théorie des tubes capillaires. Loi de Jurin. — Pour un même liquide et pour un même tube, les ascensions ou les dépressions sont en raison inverse des diamètres.

Considérons un tube, un ménisque concave et une ascension z. Nous allons écrire que la tension sur le périmètre du tube fait équilibre à la colonne de liquide (fig. 81).

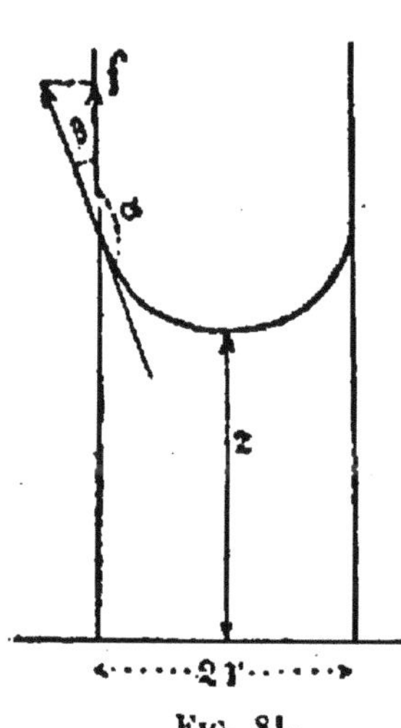

Fig. 81.

J'appelle A la tension superficielle en un point, la tension sur le périmètre est :

$$2\pi r A.$$

Il est évident que la composante verticale agit seule.

Cette composante verticale est $2\pi r A \cos \beta$.

$$\cos \beta = - \cos \alpha.$$
$$f = - 2\pi r A \cos \alpha.$$

La colonne soulevée est $\pi r^2 z d$, d densité du liquide.

$$\pi r^2 z d = - 2\pi r A \cos \alpha;$$
$$z = \frac{- 2A \cos \alpha}{rd}.$$

Pour un même liquide et pour un même

tube z est en raison inverse du rayon du tube.

Cas particulier $\alpha = 180° \quad \cos\alpha = -1$

$$z = \frac{2A}{rd},$$

si $\alpha > 90° \quad \cos\alpha < 0 \quad z > 0$ ascension.

$\alpha = 90° \quad \cos\alpha = 0 \quad z = 0$ égalité.

$\alpha < 90° \quad \cos\alpha > 0 \quad z < 0$ dépression.

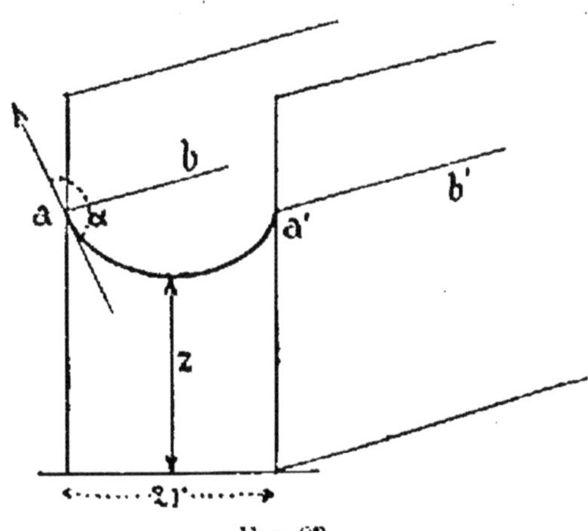

Fig. 82.

Ascension d'un liquide entre deux lames parallèles. (fig. 82). — Si je considère une longueur des lames égales à 1,

j'ai $$-2A\cos\alpha = 2rzd$$

d'où $$z = \frac{-A\cos\alpha}{rd}.$$

L'ascension est la moitié de celle qui se

produirait dans un tube capillaire ayant un diamètre égal à l'écartement des deux lames.

Lames concourantes (fig. 83). — Considérons la courbe de raccordement et xy ses coordonnées.

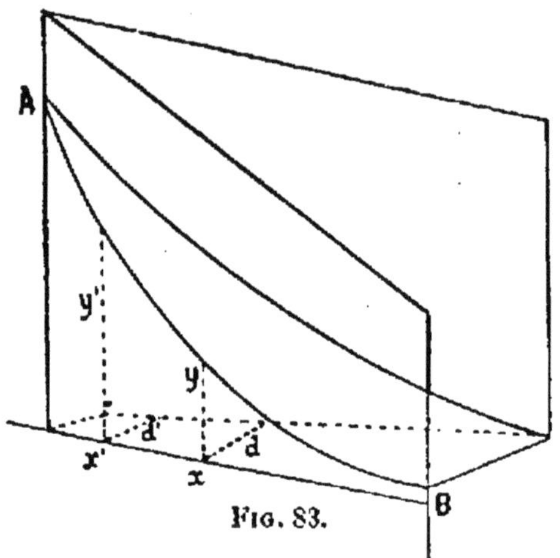

Fig. 83.

Appliquons la loi de Jurin $\left(z \text{ proportionnel à } \frac{1}{r}\right)$ à chacune des tranches successives. Nous avons :

$$\frac{y'}{y} = \frac{d}{d'}.$$

Or $$\frac{d}{d'} = \frac{x}{x'} \quad \frac{y'}{y} = \frac{x}{x'},$$

ou $$xy = x'y'.$$

Cette équation est celle d'une hyperbole équilatère.

Liquide suspendu dans un tube capillaire (fig. 84). — Je suppose que l'angle α du haut $= 180$ degrés. La tension superficielle à la partie supérieure est

$$2\pi r A.$$

La tension inférieure est $-2\pi r A \cos \omega$,

$$2\pi r A - 2\pi r A \cos \omega = \pi r^2 z d.$$

équation d'où l'on tire,

$$2A(1 - \cos \omega) = rzd,$$

$$z = \frac{2A(1 - \cos \omega)}{rd}.$$

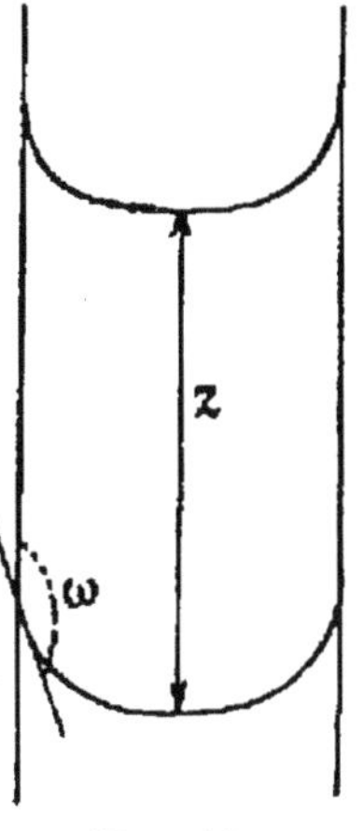

Fig. 84.

Cas particuliers $\omega = 180°$ $z = \frac{4A}{rd}$,

$\omega = 90°$ $z = \frac{2A}{rd}$.

Formule de Laplace. — (Démonstration de M. Lippmann). Supposons une surface liquide quelconque et quatre plans normaux rectangulaires, infiniment voisins. Ils découpent sur la surface un rectangle (fig. 85).

Considérons les forces en jeu d'après la théorie de Gauss.

Nous avons le long de AB une force

$$F = AB \times A,$$

de même

$$F' = A'B' \times A,$$
$$F'' = BB' \times A,$$
$$F''' = AA' \times A.$$

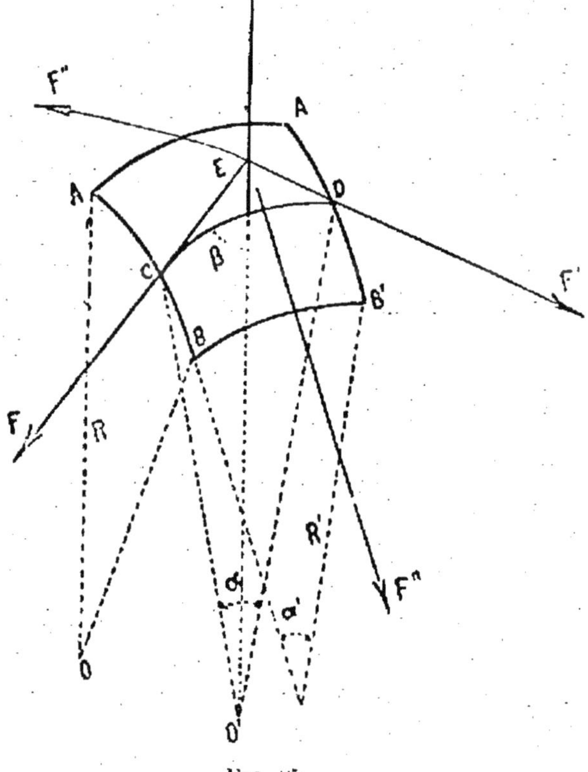

Fig. 85.

J'appelle RR' les rayons de courbure des arcs AB et AA', etc.

Ces quatre forces ont une résultante qui tend à appliquer le rectangle sur la surface. Cette pression est la somme des composantes normales des forces F, F′, F′′, F′′′.

Composante de F :

$$\beta = 90° - \frac{\alpha'}{2},$$

$$F \cos\left(90° - \frac{\alpha'}{2}\right) = F \sin\frac{\alpha'}{2},$$

donc composante $= A \times AB \sin\frac{\alpha'}{2}$.

Mais $AB = R\alpha$ si $\alpha = \widehat{AOB}$.

1re composante $= AR\alpha \sin\frac{\alpha'}{2}$.

La composante de F′ a la même valeur.

2e composante (F″ et F‴) $= AR'\alpha' \sin\frac{\alpha}{2}$.

La somme des quatre composantes est donc :

$$2R\alpha A \sin\frac{\alpha'}{2} + 2R'\alpha' A \sin\frac{\alpha}{2}.$$

Soit p la pression par unité de surface : j'ai

$$2R\alpha A \sin\frac{\alpha'}{2} + 2R'\alpha' A \sin\frac{\alpha}{2} = p RR'\alpha\alpha'.$$

la surface du rectangle étant :

$$AB \times A'B' = R\alpha \times R'\alpha'$$

les angles α étant très petits la différence du

sinus avec l'arc est très petite. Nous pourrons la négliger et écrire :

$$R\alpha\alpha' A + R'\alpha'\alpha A = pRR'\alpha\alpha'$$
$$RA + R'A = pRR'.$$

Divisons les deux membres par RR'

$$\frac{A}{R'} + \frac{A}{R} = p.$$

$$p = A\left(\frac{1}{R} + \frac{1}{R'}\right)$$

C'est la formule de Laplace.

Vérification de la loi de Jurin par la formule de Laplace. — Considérons (fig. 86) un tube capillaire et un liquide soulevé. Soit α l'angle de raccordement, r le rayon du tube, z la hauteur du liquide et d sa densité.

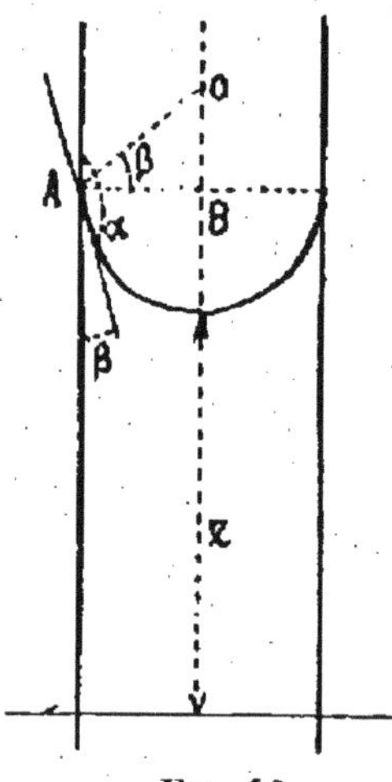

Fig. 86.

L'équation du problème est :

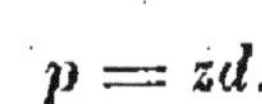

$$p = zd.$$

Ici le ménisque est une sphère de rayon AO,

les deux rayons de courbure sont égaux $R = R'$

$$A \times \frac{2}{R} = zd.$$

Si $$\beta = 180^\circ - \alpha$$

j'ai $$AB = AO \cos \beta$$

$$r = R \cos (180^\circ - \alpha)$$

$$r = - R \cos \alpha,$$

$$R = \frac{-r}{\cos \alpha}$$

$$zd = -2 A \frac{\cos \alpha}{r}$$

$$z = -\frac{2A \cos \alpha}{rd}$$

Mesure des tensions superficielles. — Considérons une demi-sphère faite d'une lame liquide (bulle de savon). Sa forme est maintenue par une pression constante, P par unité de surface, dirigée de l'intérieur vers l'extérieur et équilibrée par la tension superficielle.

Considérons (fig. 87) la pression sur un élément ω et calculons la composante verticale f

$$f = P \omega \cos \alpha.$$

Or $\omega \cos \alpha$ est la projection de ω sur le méridien AB. Si je prend la somme de toutes les forces f, la somme des facteurs $\omega \cos \alpha$ est la surface du méridien.

$$F = P \times \pi R^2.$$

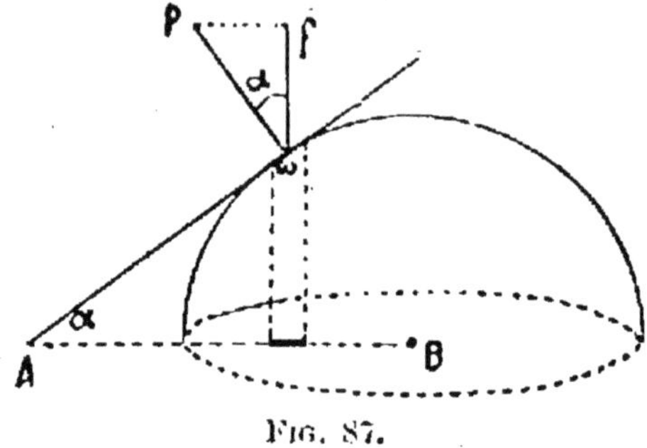

Fig. 87.

Ceci posé considérons une sphère complète. A l'intérieur s'exerce une pression qui tendrait à séparer la bulle en deux hémisphères si, sur le méridien, ne s'exerçait la tension superficielle. J'ai donc :

$$P \times \pi R^2 = 2\,(2\pi RA)$$

$$A = \frac{RP}{4}$$

Il faudra donc pour avoir A mesurer la pression à l'intérieur d'une bulle de diamètre connu (fig. 88). On peut encore mesurer A au moyen d'un compte-gouttes. Si à l'extrémité d'une pipette nous produisons une goutte liquide, nous la voyons d'abord se gonfler puis se détacher. A ce moment nous admettons que son poids fait équilibre à la tension superficielle.

Si donc, nous comptons le poids de n gouttes,

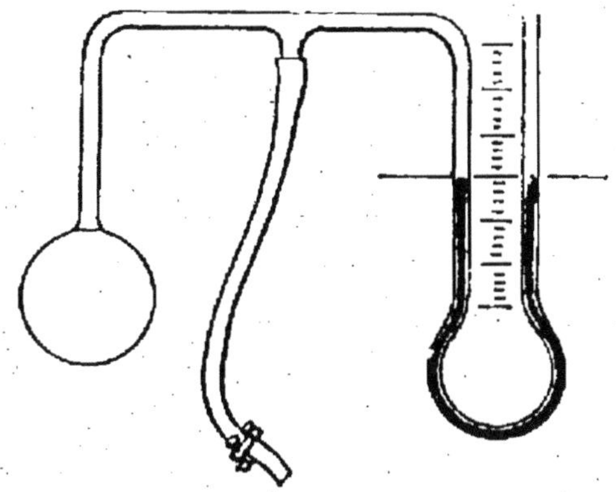

FIG. 88. — Mesure des tensions superficielles.

nous voyons de suite que l'expression qui donnera A est de la forme

$$p = KdA$$

d étant le diamètre du tube.

Application de la capillarité aux aréomètres. — Je suppose qu'un même aréomètre serve pour deux liquides de tensions superficielles différentes A et A'.

Soit v le volume dont il s'enfonce dans le liquide A et v' le volume dans le liquide A'. Soit p le poids constant de l'aréomètre.

J'ai
$$vd = p + 2\pi r A,$$
$$v'd' = p + 2\pi r A',$$
$$\frac{vd}{v'd'} = \frac{p + 2\pi r A}{p + 2\pi r A'}$$
$$\frac{v}{v} = \frac{d'}{d} \cdot \frac{p + 2\pi r A}{p + 2\pi r A'}$$

Si $A = A'$
$$\frac{v}{v} = \frac{d'}{d}$$

Un appareil gradué pour une espèce particulière de liquides est défectueux pour une autre.

Alcoomètres. — Considérons un premier alcoomètre de poids P, de diamètre de tige R. Soit V le volume dont il s'enfonce dans un mélange de densité d, de tension superficielle A et v' le volume correspondant à un liquide de constantes d' et A'. Considérons un deuxième alcoomètre de poids p et de diamètre r les volumes v et v' correspondent aux liquides A et A'.

Nous avons :
$$V d = P + 2\pi R A$$
$$V'd' = P + 2\pi R A'$$
$$vd = p + 2\pi r A$$
$$v'd' = p + 2\pi r A'$$

Si l'alcoomètre était bien construit nous devrions avoir :

$$\frac{v}{v} = \frac{V}{V}.$$

Or

$$\frac{V}{V'} = \frac{d'}{d} \cdot \frac{P + 2\pi RA}{P + 2\pi RA'}$$

et

$$\frac{v}{v'} = \frac{d'}{d} \cdot \frac{p + 2\pi rA}{p + 2\pi rA'}$$

La condition d'exactitude serait :

$$\frac{P + 2\pi RA}{P + 2\pi RA'} = \frac{p + 2\pi rA}{p + 2\pi rA'}$$

Egalons le produit des extrêmes et celui des moyens, il vient :

$$RAp + rA'P = rAP + RA'p$$

Divisons par Rr

$$\left(\frac{p}{r} - \frac{P}{r}\right)\left(A - A'\right) = 0.$$

Or $(A - A')$ étant différent de zéro il faut que :

$$\frac{p}{r} = \frac{P}{R}$$

Correction barométrique. — La colonne barométrique se trouve diminuée par la tension superficielle.

Supposons que le ménisque soit sphérique (fig. 89).

$$z = \frac{-2A \cos \alpha}{rd}$$

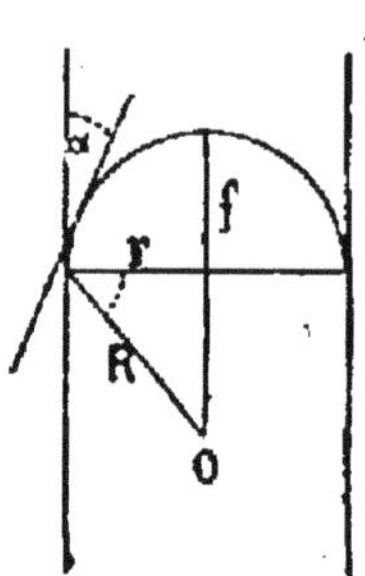

FIG. 89. Correction barométrique.

Nous avons

$$r = R \cos \alpha,$$

$$\cos \alpha = \frac{r}{R}$$

Nous allons évaluer R en fonction de la flèche f, facile à mesurer au moyen du vernier

$$R^2 = r^2 + (R - f)^2 = r^2 + R^2 - f^2 - 2Rf.$$

D'où :

$$R = \frac{r^2 + f^2}{2f}$$

Transportons cette valeur dans l'équation de z.

$$z = \frac{-4Arf}{rd\,(r^2 + f^2)}$$

La vraie pression barométrique doit être augmentée de la valeur de z.

Action de la température. — La température diminue la tension superficielle et arrête les mouvements. Le ménisque diminue à mesure que la température s'élève, jusqu'à une température critique à laquelle la surface devient plane.

La tension superficielle varie avec son état électrique. Si on établit entre les points extrêmes d'une colonne mercurielle suspendue dans un tube capillaire une différence de potentiel, les variations les plus petites (millièmes de volt) s'accuseront par des ascensions et des dépressions de la colonne. C'est le principe de l'électromètre capillaire de M. Lippmann.

DIFFUSION

On appelle diffusion entre deux liquides, le phénomène par lequel ils se pénètrent mutuellement de manière à se mélanger.

Ainsi, si l'on verse doucement au-dessus d'une solution bleue de sulfate de cuivre une couche d'eau, on voit d'abord la surface de séparation indécise, puis les deux liquides se pénètrent lentement et arrivent à la même composition.

Expérience de Graham. — Plaçant de l'eau au-dessus d'une solution de sel marin, le phénomène de la diffusion se produit. Avec une pipette capillaire on recueille dans diverses couches un échantillon et on calcule la concentration c'est-à-dire le poids de sel en grammes par centimètre cube.

La quantité de sel qui passe à chaque instant à travers l'unité de surface d'un plan horizontal est proportionnelle à la différence de concentration de part et d'autre de la surface.

$$q = k\left(\frac{a - b}{e}\right)$$

k étant une constante, a la concentration

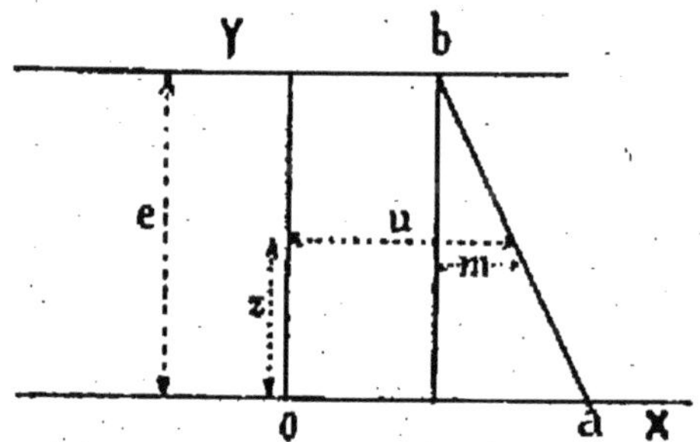

Fig. 90. — Loi de Graham.

inférieure, b la concentration supérieure et e l'épaisseur. Faisons $a - b = 1$ $e = 1$ $q = k$.

C'est le *coefficient de diffusibilité*, c'est le poids de sel qui diffuse pendant une heure, ou un jour, à travers une couche liquide de 1 centimètre carré de base, de 1 centimètre d'épaisseur, en supposant que les poids de sel contenus dans 1 centimètre cube de liquide aux deux couches supérieure et inférieures diffèrent de 1 gramme. On peut représenter graphiquement le phénomène. Je porte sur ox les concentrations en abscisses et en ordonnées les épaisseurs. (fig. 90). Soit à calculer la concentration en u.

$$\frac{m}{a - b} = \frac{e - z}{e},$$

$$m = \frac{(e - z)(a - b)}{e},$$

$$u = b + m = b + \frac{(e - z)(a - b)}{e},$$

$$u = a - \frac{a - b}{e} z.$$

Diffusion au travers d'un septum. — Si l'on plonge dans de l'alcool un endosmomètre de Dutronchet contenant de l'eau, on voit le liquide monter de m en m'. Il y a équilibre lorsque les deux liquides ont la même composition.

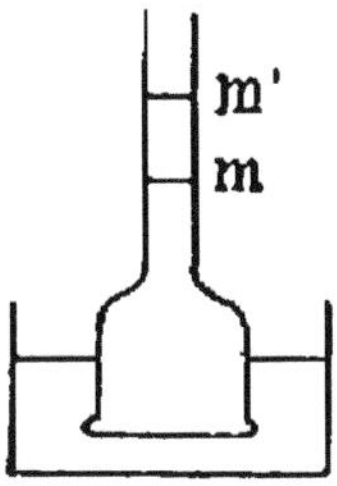

Il se forme deux courants; *endosmose* et *exosmose*.

Fig. 91. Endosmomètre.

La sensibilité et le sens du phénomène dépendent de la cloison car pour l'alcool et l'eau avec une membrane de caoutchouc le niveau baisse au lieu de monter.

Dialyse. — La dialyse consiste à séparer des substances inégalement diffusibles en les mettant en contact avec un septum semi-perméable. Les unes traversent la cloison, ce sont les cristalloïdes; d'autres ne la traversent pas, on les nomme colloïdes. (Graham).

Les tissus cellulaires des végétaux sont constitués par une enveloppe de cellulose qui renferme un protoplasma colloïde et des sels cristalloïdes, par exemple du sucre dans la cellule de la betterave. La propriété de la dialyse permet de séparer le sucre du mucilage en ne détruisant pas la cellule mais en découpant la racine en tranches que l'on appelle cossettes et en faisant digérer le tout dans l'eau chaude, le sucre passe au travers de la paroi, le mucilage reste en presque totalité.

Le même principe est utilisé en sucrerie lorsqu'on a des mélasses très impures, dont les impuretés sont des sels de soude ou de potasse. On les passe au dialyseur, une partie des sels se sépare, et une nouvelle quantité de sucre peut cristalliser. (Osmogène Dubrunfaut).

Diffusion des gaz. — C'est le phénomène par lequel deux gaz en contact se mélangent intimement même s'ils n'exercent pas d'action chimique l'un sur l'autre.

Lois de Berthollet : 1° Les gaz entre lesquels il n'y a pas d'action chimique se diffusent d'une manière instantanée et permanente.

2° La pression totale du mélange est la somme des forces élastiques qu'aurait chacun d'eux s'il occupait seul le volume total.

Cas général :

soit un volume	v	à une pression	h,
—	v'	—	h',
—	v''	—	h'',

qui se diffusent dans un volume V.

Cherchons la pression de chacun d'eux

$$vh = Vx \qquad x = \frac{vh}{V},$$

et

$$H = \frac{vh}{V} + \frac{v'h'}{V} + \frac{v''h''}{V}.$$

Remarque. — Dans l'analyse de l'air par l'acide pyrogallique et la potasse, on prend un volume V d'air à une pression H. Après l'expérience on enfonce la cloche de façon que le niveau du liquide soit le même à l'intérieur et l'extérieur. On obtient un volume v à une pression $h' = H$. Il en résulte que le volume de l'oxygène est

$$V - v.$$

Mais nous pouvons, comme Bunsen, mesurer notre volume V à la pression H et notre volume v à la pression h en mesurant la colonne p.

$$h + p = H,$$
$$p = H - h.$$

La pression de l'oxygène est $H - p$.

Le volume de l'oxygène est $\frac{v \times p}{H - p}$, etnous avons :

$$\frac{v}{\frac{v \times p}{H - p}} = \frac{H - p}{p}.$$

Effusion. — C'est le passage d'un gaz au travers d'un trou très fin. La vitesse varie en raison inverse de la racine carrée de la densité. Bunsen en a déduit une méthode très rapide pour déterminer la densité des gaz d'une façon approchée.

Solubilité des gaz. — *Loi de Henry.* — Lorsqu'un gaz est en contact avec un liquide qui le dissout, il s'établit un rapport constant, pour une même température, entre le volume du gaz dissous, mesuré à la pression finale de l'atmosphère gazeuse, et le volume du dissolvant.

Ce rapport constant est le coefficient de solubilité des gaz. On le mesure à la température de 0 degré.

Il en résulte que le poids de gaz dissous est proportionnel à la pression.

En effet le volume du gaz dissous est $c\,V_0$. V_0 étant le volume du dissolvant. Son poids est :

$$p = cV_0D_H \qquad \text{or} \qquad D_H = D\,\frac{H}{760},$$

$$p = V_0cD\,\frac{H}{760},$$

$$p' = V_0cD\,\frac{H'}{760},$$

$$\frac{p'}{p} = \frac{H'}{H}.$$

Loi de Dalton. — Lorsqu'un mélange de plusieurs gaz est en contact avec un dissolvant, chacun des gaz se dissout comme s'il occupait seul le volume du mélange :

Détermination approchée des coefficients de solubilité. — Supposons une éprouvette contenant le gaz en expérience sur une cuve à mercure. Introduisons après avoir mesuré le volume V et la pression H, une certaine quantité du liquide v. Agitons. Le liquide s'est élevé d'une certaine quantité, soit V′ le nouveau volume du gaz à la pression H′.

On aura : $V \times H = (V' + vx)\,H'$.

La loi de Henry n'est exacte que pour des

gaz peu solubles, et à de faibles pressions. Au-dessus de trois atmosphères on ne peut plus la considérer comme exacte. Il en est de même de la loi de Dalton.

TABLE DES MATIÈRES

Pages.

Chapitre I. — Généralités.

Pages.

CHAPITRE II. — NOTIONS DE MÉCANIQUE.

CHAPITRE III. — DE LA MESURE.

Pages.

CHAPITRE VI. — PNEUMATIQUE.

Paris. — Imprimerie L. MARETHEUX, 1, rue Cassette. — 5989.

www.ingramcontent.com/pod-product-compliance
Ingram Content Group UK Ltd.
Pitfield, Milton Keynes, MK11 3LW, UK
UKHW020122200726
13856UKWH00002B/676

9 782013 579636